FARMING
农业种植系列读物
车艳芳 编著

U0297807

四季养花大全

河北科学技术出版社

图书在版编目(CIP)数据

四季养花大全 / 车艳芳编著. -- 石家庄：河北科学技术出版社，2013.12(2023.1 重印)

ISBN 978-7-5375-6560-8

Ⅰ.①四… Ⅱ.①车… Ⅲ.①花卉-观赏园艺 Ⅳ.①S68

中国版本图书馆 CIP 数据核字(2013)第 269003 号

四季养花大全

车艳芳　编著

出版发行　河北科学技术出版社
地　　址　石家庄市友谊北大街 330 号(邮编:050061)
印　　刷　三河市南阳印刷有限公司
开　　本　910×1280　1/32
印　　张　7
字　　数　140 千
版　　次　2014 年 2 月第 1 版
　　　　　2023 年 1 月第 2 次印刷
定　　价　25.80 元

Preface　☞ 序

推进社会主义新农村建设，是统筹城乡发展、构建和谐社会的重要部署，是加强农业生产、繁荣农村经济、富裕农民的重大举措。

那么，如何推进社会主义新农村建设？科技兴农是关键。现阶段，随着市场经济的发展和党的各项惠农政策的实施，广大农民的科技意识进一步增强，农民学科技、用科技的积极性空前高涨，科技致富已经成为我国农村发展的一种必然趋势。

当前科技发展日新月异，各项技术发展均取得了一定成绩，但因为技术复杂，缺少管理人才和资金的投入等因素，许多农民朋友未能很好地掌握利用各种资源和技术。针对这种现状，多名专家精心编写了这套系列图书，为农民朋友们提供科学、先进、全面、实用、简易的致富新技术，让他们一看就懂，一学就会。

本系列图书内容丰富，着重介绍了种植、养殖、职业技能中的主要管理环节、关键性技术和经验方法，贴近农业生产、贴近农村生活、贴近农民需要，全面、系统、分类阐述农业先进实用技术，是广大农民朋友脱贫致富的好帮手！

中国农业大学教授、农业规划科学研究所所长　张天柱
设施农业研究中心主任

2013年11月

Foreword ▶ 前言

农业是国民经济的基础，是国家稳定的基石。党中央和国务院一贯重视农业的发展，把农业放在经济工作的首位。而发展农业生产，繁荣农村经济，必须依靠科技进步。为此，我们编写了农业种植系列图书，帮助农民发家致富，为科技兴农再做贡献。

本系列图书涵盖了种植业、养殖业、加工和服务业，门类齐全，技术方法先进，专业知识权威，既有种植、养殖新技术，又有致富新门路、职业技能训练等知识，科学性与实用性相结合，可操作性强，图文并茂，让农民朋友们轻轻松松地奔向致富路；同时培养有文化、懂技术、会经营的新型农民，增加农民收入，提升农民综合素质，推进社会主义新农村建设。

本系列图书的出版得到了中国农业产业经济发展协会高级顾问祁荣祥，中国农业大学教授、农业规划科学研究所所长、设施农业研究中心主任张天柱，中国农业大学动物科技学院教授、国家资深畜牧专家曹兵海，农业部课题专家组首席专家、内蒙古农业大学科技产业处处长张海明，山东农业大学林学院院长牟志美，中国农业大学副教授、团中央青农部农业专家张浩等有关领导、专家的热忱帮助，在此谨表谢意！

在本系列图书编写过程中，我们参考和引用了一些文献资料，由于种种原因，未能与原作者取得联系，在此谨致深深的歉意。敬请原作者见到本书后及时与我们联系（联系邮箱：tengfeiwenhua@ sina. com），以便我们按国家有关规定支付稿酬并赠送样书。

由于我们水平所限，书中难免有不妥或错误之处，敬请读者朋友指正！

编　者

CONTENTS

目 录

 第一章 花卉的分类

第二章　花卉的四季养护常识

第三章　影响花卉生长的因素

第四章 盆栽花卉的养护常识

第五章　花卉的无土栽培

第六章　花卉的繁殖方法

第七章　常见花卉的养护知识

第一章
花卉的分类

我们日常观赏的花，实际上是植物的繁殖器官。由《说文解字》可知，"卉"是草的总称。"花"与"卉"两个字一同使用的时间比较晚，其含义分狭义与广义。狭义的花卉是指观花的草本植物；而从广义来说，花卉是所有具观赏价值的植物的总称。也就是说，花卉不仅包括观花植物，还包括观果、观芽、观叶、观根等植物；既有闻其芳香的也有欣赏其姿态的；从高等植物到低等植物，从陆生到水生；等等。由此可见，花卉的范围相当广泛，类型也多种多样。

我国素有"世界园林之母"的称誉，拥有丰富多彩的园林植物，目前仅栽培的花卉就达 2500 余种，而其品种更是不计其数。目前，花卉并没有统一的分类方法，通常习惯根据花卉的用途、习性、栽培方式等进行相应的分类。

第一节 按开花季节分类

春花类

指盛开期在 2~4 月的花卉，如金盏菊、杜鹃花、郁金香、牡丹花、虞美人、山茶花、报春花等。

夏花类

此类花卉的盛开期在 5~7 月，如萱草花、凤仙花、紫茉莉、荷花、茉莉花等。

秋花类

盛开期在 8~10 月的花卉，如菊花、大丽菊、桂花、万寿菊等。

冬花类

此类花卉的盛开期在当年 11 月到翌年 1 月期间，如水仙花、一品红、腊梅、蟹爪兰、仙客来等。

第二节 按花卉的性状和生态习性分类

草本花卉

此类花卉有草质化的茎，木质化程度非常低，通常柔软多汁，比较容易折断。按其形态可以分为六种类型。

一年生花卉

指个体生长发育的生命周期在 1 年内完成的花卉。春天播种，当年的夏秋季节开花、结果、种子成熟，入冬前植株就会枯死，如鸡冠花、凤仙花、万寿菊、孔雀草、紫茉莉、半枝莲等。

二年生花卉

此类花卉完成个体生长发育的生命周期需跨年度。通常在秋季播种，第二年春季开花、结果、种子成熟，夏季植株死亡，如金鱼

草、三色堇、桂竹香等。

宿根花卉

即多年生花卉，入冬后植株的地上部分会逐渐枯死，土壤中的根系则宿存越冬，第二年春天会萌发枝叶再开花，如芍药、菊花、玉簪、荷兰菊、蜀葵等。

球根花卉

指花卉在地下的根或茎已变态为膨大的根或茎，借以贮藏养分和水分来度过休眠期的花卉。按形态的不同球根花卉可以分为以下五类。

鳞茎类 这类花卉由许多肥厚的鳞片相互抱合而成，其膨大的地下茎呈扁平球状，如风信子、水仙、百合、郁金香等。

球茎类 这类花卉表面也有环状节痕，顶端有比较肥大的顶芽，侧芽不发达，膨大的地下茎呈球形，如香雪兰、唐菖蒲、仙客来等。

块茎类 此类花卉外形不规则，表面没有环状节痕，但有几个发芽点，膨大的地下茎呈块状，如马蹄莲、大岩桐、彩叶芋等。

根茎类 这类花卉外形具有分枝和节，在每节上可发生侧芽，膨大的地下茎呈粗长的根状，多为肉质，如美人蕉、鸢尾等。

块根类 根颈处生芽，膨大的地下根为纺锤形的花卉，如大丽花等。

多年生常绿花卉

这类花卉的枝叶四季常绿，没有休眠落叶的现象，地下根系很发达。通常在南方作露地多年生栽培，在北方作温室多年生栽培，如君子兰、绿萝、花叶芋、文竹、万年青、鹤望兰等。

水生花卉

多年生草本花卉，常年生长在水里或沼泽地里，按其生态可以分为以下三种。

挺水花卉 茎叶挺出水面，根生在泥水里，如荷花、慈姑等。

浮水花卉 根生在泥水里，叶面略高于水面或浮于水面，如玉莲、睡莲、凤眼莲等。

沉水花卉 根生在泥水里，茎叶全部沉入水中，偶尔水浅时才会露出水面，如金鱼藻、皇冠草等。

木本花卉

为多年生花卉，其茎木质化，木质部比较发达，枝干坚硬，较难折断。根据其形态分为以下三类。

乔木类

此类花卉主干在地上的部分很明显，侧枝由主干发出，树干和树冠有明显区别，如橡皮树、梅花、樱花等。

灌木类

此类花卉在地上没有明显的主干，丛生状枝条由地面萌发出，如月季、牡丹、栀子花、腊梅、贴梗海棠等。

藤本类

此类花卉的茎虽然为木质化，但是长且细弱，不能直立，是需要攀援或缠绕在其他植物体上才能生长的花卉，如常春藤、紫藤、凌霄等。

多肉多浆花卉

多年生花卉，其茎变态为肥厚肉质、能贮存水分和营养的掌状、球状及棱柱状；叶变态为针刺状或厚叶状，附有蜡质，能减少水分蒸发。常见的有仙人掌科的昙花、仙人球、令箭荷花，大戟科的虎刺梅、麒麟，景天科的燕子掌、玉树，番杏科的松叶菊，石蒜科的酒瓶兰和虎尾兰等。

第三节 按栽培方式分类

盆栽花卉

花卉的栽培主要利用花盆进行，通常用于室内装饰，方便搬运。南方实行遮阳栽培生产，北方的冬季实行温室栽培生产。

切花花卉

通过保护地栽培，进行统一的定植、肥水管理，采收相对集中，是可以常年供应的鲜花。

露地花卉

露地自然栽培。此类花卉能很好地适应露地自然环境，可进行城市绿化、庭院美化。

无土栽培花卉

不用土壤栽培，而是用营养液、水、基质等进行栽培的花卉。多在现代化温室内进行标准化的生产栽培。

第四节 按花卉的观赏器官分类

观花花卉

此类花卉颜色鲜艳，花形奇特而美丽，开花较多，主要用来观花，如月季、茶花、菊花、郁金香、牡丹等。

观叶花卉

此类花卉有形状奇特的叶子，叶色鲜艳美观，形状不一，主要用来观叶，如花叶万年青、龟背竹、花叶芋、变叶木等。

观茎花卉

此类花卉的茎，形态或呈肥厚的掌状，或是节间极度短缩呈连珠状，主要用来观茎，如仙人掌、佛肚竹、文竹、山影拳、假叶树等。

观果花卉

此类花卉的果实形状奇特，挂果期长且果的颜色鲜艳，主要用来观果，如观赏辣椒、冬珊瑚、佛手、乳茄、金橘等。

树桩盆景

指通过"咫尺千里、缩龙成寸"的手法，由多年生的树桩加工而成的艺术品。它是自然美景的微缩，有很强的观赏价值。常用材料来自银杏、榕树、松柏等。

芳香花卉

此类花卉的花香，或芬芳浓郁，或清香沁人，主要用来闻香，如桂花、含笑、米兰、茉莉等。

其他

如银芽柳银白色毛茸茸的芽，象牙红、马蹄莲、叶子花的苞片，球头鸡冠膨大的花托，美人蕉、红千层瓣化的雄蕊，紫茉莉、铁线莲瓣化的萼片等。

第二章

花卉的四季
养护常识

一年四季温差较大，按照气候学，每候（5 天）平均气温在 10℃ 以下时为冬季，在 10~22℃ 时为春季与秋季，在 22℃ 以上时为夏季。同时，四季的光照也有强弱之分。花卉的正常生长发育受温差与光照的影响非常大，所以要想养好花，必须根据温度、光照等环境条件的变化，在不同季节采用不同的养护方法。现将盆栽花卉四季养护要点分述如下。

第一节　春季养护要点

避免寒害

春季初期天气多变，如果此时将正处于孕蕾期，或刚刚苏醒正萌芽展叶，或正在挂果原产热带、亚热带的花卉搬到室外，一旦遇到寒流或晚霜极易受冻害，轻则嫩芽、嫩叶、嫩梢被冻伤，重则出现花叶凋落，甚至整株死亡的情况。所以，春季盆花出室不宜过早，应稍迟些，宜缓不宜急。

正常情况下，在黄河以南和长江中、下游地区，清明至谷雨期间为盆花出室时间；在黄河以北地区，盆花在谷雨和立夏期间出室比较适宜。原产北方的花卉可在谷雨前后陆续出室，原产地是南方的花卉则在立夏前后出室更为合适。

为避免冻害，还应考虑花卉的抗寒能力，如抗寒能力强的腊梅、迎春、月季、梅花、木瓜等，在昼夜平均气温达 15℃ 时可以出室，而抗寒能力相对较弱的米兰、桂花、茉莉、含笑、白兰、扶桑等，最好在室外气温达到18℃以上时再出室。

盆花出室都需要一段逐渐适应外界环境的过程。因为在室内越冬的盆花已习惯了室温较为稳定的环境，所以不能一到春天就骤然出室，更不能一出室就放在室外一整天，这样盆花很容易受到低温或干旱风等危害。一般应在出室前10天左右采取开窗通风的方法，使之逐渐适应外界气温；也可以上午出室，下午进室；晴天出室，风天不出室。出室后，应将盆花放在避风向阳的地方，每天中午前后用清水喷洗1次枝叶，并保持盆土湿润（切忌浇水过多）。若遇到恶劣天气（如寒流、大风等）要及时搬进室内。

巧用肥水

经过数月的室内越冬生活，盆花长势减弱，刚萌发的新芽、嫩叶、嫩枝或幼苗、根系等都比较娇嫩，若此时施以生肥或浓肥，很容易使盆花遭受肥害，即"烧死"嫩芽枝梢，因此早春应遵循"薄肥少施，逐渐增加"的施肥原则。早春最好以充分腐熟的稀薄饼肥水作肥料，因为这类肥料的肥效持久，而且可以改良土壤。施肥的次数也要由少到多，循序渐进，一般每隔10~15天施1次较好。春天施肥最好在晴天傍晚进行。施肥时要注意以下四点：①施肥前1~2天不能浇水，要使盆土略微干燥，以利于肥料的吸收；②施肥前要先松土，以便于肥液更好下渗；③顺盆沿施肥液，不能沾污枝叶和根颈，否则极易造成肥害；④施肥以后的第二天上午要及时浇水，并适时松土，保证盆土通气良好，以利于根系发育。对刚出苗的幼小植株或新上盆、换盆、根系尚未恢复以及根系发育不好的病株，应该暂停施肥。

早春还要注意适量浇水，不能一次浇得过多。因为此时很多花卉刚复苏，萌芽展叶时所需水量不多，而且此时的气温不高，蒸发量少，所以宜少浇水。如果早春浇水过多，盆土长期潮湿，就会导致土中缺氧，很容易引起烂根、落叶、落果、落花等情况，严重的甚至会导致整株死亡。晚春的气温逐渐升高，阳光比较强，蒸发量大，应勤浇水。总之，春季给盆花浇水的次数和浇水量要遵循"不干不浇，浇必浇透"的原则，但盆内一定不能积水。春季浇水最好在午前进行，且每次浇水后要及时松土，使盆土通气良好。对于春季气候干燥、常刮干旱风的地区要注意经常向枝叶上喷水，增加空气湿度。

适期换盆

如果长期不换土、换盆，就会使盆栽花卉根系壅塞盘结在一起，土中缺乏营养，土质变坏，从而造成叶色泛黄，植株生长衰弱，少开花或不开花，少结果或不结果等不良现象。

要做好换盆工作，首先要掌握好换盆的时间。怎样判断盆花是否需要换盆呢？一般情况下，如果盆底的排水孔开始伸出许多幼根，说明盆里的根系已经很拥挤了，这时就该换盆。为了判断得更加准确，可以先把花株从盆里磕出来，如果土坨的表面缠满了细根，相互交织成毛毡状，就表示需要换盆。

对于幼株，如果其根系已经布满盆内，就应该换一个比原盆大一号的盆，以便增加新的培养土，扩大营养面积；如果植株已经长成，只是因为栽培时间过长，土质变劣，缺乏养分而需要更新土壤，那么仍可栽在原盆里，只添加新的培养土即可，当然也可以视情况栽入较大的盆内。换盆的时间，通常应选择在花卉的休眠期和新芽萌动之前的三四月为好（早春开花者，以开花后换盆为宜），至于换盆次数要依花卉生长习性决定。许多一二年生花卉，因为生长比较快，在其生长过程中通常需要进行 2~3 次换盆，最后一次换盆称为定植。多数宿根花卉宜每年换盆、换土 1 次。生长比较快的木本花卉也最好每年换 1 次盆，如月季、扶桑、一品红等；而生长较慢的木本花卉和多年生草本花卉，则可以 2~3 年换 1 次盆，如杜鹃、山茶、梅花、兰花、桂花等。换盆前 1~2 天不要浇水，以使盆土与盆壁更好地脱离。

换盆时，将植株从盆内磕出（注意尽量不要使土坨散开），然后用花铲去掉花苗周围约 50% 的旧土，剪除枯根、腐烂根、病虫根和少量卷曲根。栽植前，先将盆底排水孔盖上双层塑料窗纱或两块碎瓦片（搭成 "人" 字形），上面再放一层 3~5 厘米厚颗粒状的炉灰或粗沙，既利于排水透气，又可防止害虫钻入。然后施入基肥，其上再放一层新的培养土，随即将带土坨的花株置于盆的中央，慢慢填入新的培养土，边填土边用细竹签将盆土反复插实（注意不能伤根），栽植深浅以维持在原来埋土的根颈处为宜。土面到盆沿最好留有 2~3 厘米的距离，以利日后浇水、施肥和松土。花株栽好后，用喷壶浇透水，放半阴处缓苗。缓苗期间不要施肥并节制浇水，否则土壤过度潮湿会影响花株成活。待萌发新叶、新根后，即可按照每种花卉的生长习性进行浇水、施肥和给予适宜的光照。

正确修剪

　　"七分靠管，三分靠剪"的花谚，是养花行家的经验之谈。修剪一年四季都要进行，但各季应有所侧重。春季修剪原则是根据不同种类花卉的生长特性进行剪枝、剪根、摘心及摘叶等工作。对一年生枝条上开花的月季、扶桑、一品红等可于早春进行重剪，疏去枯枝、病虫枝以及影响通风透光的过密枝条，对保留的枝条一般只保留枝条基部2~3个芽进行短截。例如，早春要对一品红老枝的枝干进行重剪，每个侧枝基部只留2~3个芽，将上部枝条全部剪去，促其萌发新的枝条。修剪时要注意将剪口芽留在外侧，这样萌发新枝后树冠丰满，开花繁茂。对二年生枝条上开花的杜鹃、山茶、栀子等，不能过分修剪，以轻度修剪为宜，通常只剪去病残枝、过密枝即可，以免影响日后开花。

　　究竟哪些花卉应重剪？哪些宜轻剪？一般来讲，凡生长迅速、枝条再生能力强的种类应重剪；生长缓慢、枝条再生能力弱的种类只能轻剪，或只疏剪过密枝和病弱残枝。对观果类花木，如金橘、四季橘、代代等，修剪时要注意保留其结果枝，并使坐果位置分布均匀。对于许多草本花卉（如秋海棠、彩叶草、矮牵牛等），当其长到一定高度时，将其嫩梢顶部摘除，促使其萌发侧枝，以利株形矮壮，多开花。茉莉在剪枝、换盆之前，常常要将老叶摘除，以促发新枝、新叶，增加开花数目。此外，早春换盆时应将多余的和拳卷的根适当疏剪，以促发更多的须根。

第二节 夏季养护要点

降温增湿

适宜的温度是花卉生长的必需条件。由于原产地自然气候条件的长期影响，不同花卉的最适、最高和最低温度要求不同。对于多数花卉来说，其生长发育的适温为 20～30℃。中国多数地区夏季最高温度均在 30℃以上，当温度超过花卉生长的最高限度时，花卉的正常生命活动就会受阻，出现植株矮小、叶片局部灼伤、花量减少、花期缩短等情况。多种花卉夏季开花少或不开花，高温影响其正常生长是一个重要原因。

原产热带、亚热带的花卉，如含笑、山茶、杜鹃、兰花等，由于长期生长在温暖湿润的海洋性气候条件下，在其生长过程中形成了喜湿润的生态要求（一般要求空气湿度不能低于 80%）。若能在养护中满足其空气湿度的要求，则生长良好，否则就易出现生长不良、叶缘干枯、嫩叶焦枯等现象。

一般情况下，夏季降温增湿的方法主要有以下四种。

喷水降温

在正常浇水的同时，可根据不同花卉对空气湿度的不同要求，每天向枝叶上喷水 2～3 次，同时向花盆地面洒水 1～2 次。

铺沙降温

可在北面或东面的阳台上厚铺一层粗沙，然后把花盆放在沙面上；夏季每天往沙面上洒1～2次清水，利用沙子中含有的水分吸收空气中的热量，即可达到降温增湿的目的。

水池降温

可用一块硬杂木或水泥预制板，放在盛有冷水的水槽上面，再把花盆置于木板或水泥板上；每天添1次水，水分受热后不断蒸发，既可增加空气湿度，又能降低气温。

吹风降温

将花盆放在室内通风良好且具有散射光的地方，每天喷1～2次清水增湿，再利用电扇吹风降温。

水肥适当

夏季气温高，蒸发快，植株蒸腾作用也强，花卉需水量较多，因此对于大多数花卉来说，都需要充足的水分供应。至于浇水量如何掌握，要根据花卉种类、植株大小、盆土实际干湿情况而定。一般情况下，草本花卉本身含水量多，蒸腾强度大，宜多浇水，木本花卉浇水可适当少些。通常情况下，花卉宜每天浇1～2次透水，千万不能浇半截水，否则会使叶片卷缩发黄，时间长了整株就会枯死。夏天浇花最好用雨水，或先将自来水晾晒1天。浇水时间以早晨和傍晚为宜，切忌中午浇冷水，因为中午气温很高，叶面气温可达38℃左右，蒸腾作用强，猛然间冷水一激，容易使叶面细胞由紧张状态变成萎蔫状态，轻则叶片焦枯，严重时会引起整个植株死亡。这一现象在草本花卉中较为明显。若在花卉孕蕾、开花、坐果初期，炎夏中午浇了冷水，也易造成落蕾、落花、落果现象。

在这里需要特别提到的是，由于炎夏土温高，阵雨过后必须及时浇水，以排除盆土内的闷热，降低盆土温度；暴雨后盆内积水应立即倾出，或用竹签将盆土扎若干个小孔（注意勿伤根），让水从盆底排水孔流出，以免烂根。

夏季给盆花施肥，应掌握"薄肥勤施"原则，因为施肥浓度过大易造成烂根。一般生长旺盛的花卉每隔 10 ~ 15 天施 1 次稀薄液肥。施肥应在晴天盆土较干燥时进行，因为湿土施肥易烂根。施肥时间宜选在渐凉的傍晚，施肥次日还要浇一次水，并及时松土，以使土壤通气良好，根系正常发育。施肥种类因花卉而异。不同类型的花卉宜侧重施哪些种类的肥料，详见本书第四章第四节"肥料与合理施肥"部分，这里不再复述。

盆花在养护过程中若发现植株矮小细弱，分枝小，叶色淡黄，就要知道这是缺氮的表现，应及时补以氮肥；如植株生长缓慢矮小，叶片卷曲，根系不发达，多为缺磷，应补充以磷肥为主的肥料；叶缘、叶尖发黄（先老叶后新叶）变褐脱落，茎柔软易弯曲，多系缺钾所致，应追施钾肥。

安全度夏

有些花卉，例如仙客来、倒挂金钟、四季秋海棠、水仙、天竺葵、花叶芋、君子兰、小苍兰、大岩桐、郁金香、令箭荷花等，到夏季高温期即进入半休眠或休眠状态，生长速度下降或暂停生长，以抵御外界不良环境条件的危害。为使这类花卉安全度过夏眠期，需针对休眠期间它们的生理特点，采取相应措施精心护理。

遮阳避雨

入夏后将休眠花卉移至阴凉通风处，避免阳光直射，防止雨淋，否则容易造成烂根，甚至全株死亡。

严格控制浇水

休眠期间如浇水过多，盆土久湿，极易烂根；浇水过少，盆土太干，又易使根系萎缩，因此浇水以保持盆土略湿润为宜。但需经常向枝叶上喷水和花盆周围地面上洒水，使之形成湿润凉爽的小气候，以利于休眠。对叶面上生有绒毛的大岩桐以及花芽对水敏感的仙客来等花卉，不宜向叶面或叶心处喷水。

停止施肥

休眠期间花卉的生理活动极微弱，因而不需要肥料，若施肥则易引起烂根，乃至整株死亡。

修剪整形

花卉进入夏季以后常易徒长，影响开花结果。为保持株形优美，花多果硕，需要修剪整形。

夏季修剪一般以摘心、抹芽、除叶、疏蕾、疏果等措施为主要内容。

摘心

草本花卉如四季海棠、倒挂金钟、一串红、菊花、荷兰菊、旱小菊等，长到一定高度时要将其顶端掐去，促其多发枝、多开花。木本花卉如金橘等，当年生枝条长到15~20厘米时也要摘心，以利结果。

抹芽

夏季花卉常从茎基部或分枝上萌生不定芽，应及时抹除，以免消耗养分，扰乱株形。

除叶

一些观叶花卉应适当剪掉老叶，促发新叶，这样会使叶色更加鲜嫩秀美。

疏蕾、疏果

对以观花为主的花卉，如大丽花、菊花、月季等，应及时疏除过多的花蕾；对观果花卉，如金橘、石榴、佛手等，当幼果长到直径约1厘米时要疏除多余幼果。此外，对于一些不结籽或不准备收种子的花卉，在花谢后应及时剪除残花，以减少养分消耗。

整形

对一品红、梅花、碧桃、虎刺梅等花卉，常于夏季把各个侧枝作弯整形，以使株形丰满优美。

防病治虫

夏季气温高，湿度大，易发生病虫害，应本着"预防为主，综合防治"和"治早、治小、治了"的原则，做好防治工作，确保花卉健壮生长。

夏季常见的病害主要有白粉病、炭疽病、灰霉病、叶斑病、线虫病和细菌性软腐病等。各类病害详析及防治方法见本书第三章第六节，这里不单独介绍。夏季常见的害虫有刺吸式口器和咀嚼式口器两大类。前者主要有蚜虫、粉虱、介壳虫等；后者主要有蛾、蝶类幼虫，各种甲虫以及地下害虫等。上述主要虫害的防治方法同样见本书第三章第六节。

夏季气温高，农药易挥发，加之高温时人体的散发机能增强，皮肤的吸收量增大，故毒物容易进入人体使人中毒，因此夏季施药时，宜将花盆搬至室外，于早晚进行。

水肥供应

秋季是大多数花卉一年中第二个生长旺盛期，因此水肥供给要充足，这样花卉才能茁壮生长，开花结果。深秋之后，天气变冷，水肥供应要逐步减少，防止枝叶徒长而降低抗寒能力。

具体地讲，对一些观叶类花卉，如文竹、吊兰、龟背竹、橡皮树、棕竹、苏铁等，一般可每隔半个月施1次腐熟稀薄饼肥水或以氮肥为主的化肥；对一年开1次花的梅花、山茶、杜鹃、迎春等应及时追施以磷肥为主的液肥，以免养分不足，导致翌春花小而少甚至落蕾；盆菊从孕蕾开始至开花前，一般宜每周施1次稀薄饼肥水，含苞待放时加施1~2次0.2%磷酸二氢钾溶液；盆栽桂花在入秋后施入以磷为主的腐熟稀薄的饼肥水、鱼杂水或淘米水；对一年开花多次的月季、米兰、茉莉、石榴、四季海棠等，应继续加强肥水管理，以使其花开不断；对一些观果类花卉，如金橘、佛手、果石榴等，应继续施2~3次以磷、钾肥为主的稀薄液肥，以使其果实丰满，色泽艳丽。

对一些夏季休眠或半休眠的花卉，如仙客来、倒挂金钟、马蹄莲等，初秋便可换盆换土，同时盆中加入底肥，按照每种花卉生态习性，进行水肥管理。北方地区10月份天气已逐渐变冷，大多数花卉就不要再施肥了。除冬季或早春开花以及秋播草本花卉等可根据实际需要继续正常浇水，其他花卉应逐渐减少浇水量和浇水次数，盆土不干就不要浇水，以免水肥过多导致枝叶徒长，影响花芽分化。

剪枝摘叶

及时摘心

初秋，气温在 20℃ 左右，大多数花卉萌发的嫩枝较多，除根据需要保留部分外，其余的均应及早剪除，以减少养分的消耗。对于保留的嫩枝也应及时摘心，促使枝干生长充实。

适期除蕾疏果

对于菊花、月季、茉莉等，秋季现蕾后待花蕾长到一定大小时，除保留顶端一个长势良好的大蕾外，其余侧蕾均应摘除。而对于金橘等观果花卉，若夏果已经坐住，在剪除秋梢的同时，要将秋季孕育的花蕾及时除去，以使夏果发育良好，当果实长到蚕豆粒大小时还要疏果。

及时短剪

茉莉、月季、大丽花等在新生枝条上开花的花卉，在北方地区入秋以后还要继续开一次花，应及时进行适当短剪，以促发新枝，届时开花。此外，秋后要注意及时摘除花木上的黄叶及病虫叶，并集中销毁，以防病虫蔓延。对于观叶植物上的老叶和伤残叶片，也要注意及时摘除，以促发新叶，保证其较高的观赏价值。

妥善贮藏

盆栽草本花卉，如半枝莲、茑萝、桔梗、芍药、一串红等，以及部分木本花卉，如玉兰、紫荆、紫藤、腊梅、金银花、凌霄等的种子均在秋季成熟，要随熟随收。采收后及时晒干，脱粒，除去杂物后选出籽粒饱满、粒形整齐、无病虫害，并有本品种特征的种子，放在室内通风、阴暗、干燥、低温（一般在 1~3℃）的地方贮藏。

通常，种子可装入用纱布缝制的布袋内，挂在室内通风低温处。但切忌将种子装入封严的塑料袋内贮藏，以免种子因缺氧而窒息，降低或丧失发芽能力。对于一些种皮较厚的种子，如牡丹、芍药、腊梅、玉兰、广玉兰、含笑等采收后宜将种子用湿沙土埋好，进行层积沙藏（即在贮藏室地面上先铺一层厚约 10 厘米的河沙，再铺一层种子，如此反复铺 3~5 层，种子和湿河沙的重量比约为 1:3。沙土含水量约为 15%，室温为 0~5℃），以利来年发芽。此外，睡莲、玉莲的种子必须泡在水中贮存，水温保持在 5℃左右为宜。

秋播秋种

二年生或多年生作一二年生栽培的草本花卉，如金鱼草、石竹、雏菊、矢车菊、桂竹香、紫罗兰、羽衣甘蓝、美女樱、矮牵牛等，和部分温室花卉及一些木本花卉，如瓜叶菊、仙客来、大岩桐、金莲花、荷包花、南天竹、紫薇、丁香等，以及采收后易丧失发芽力的非洲菊、飞燕草、樱草类、秋海棠类等花卉都宜进行秋播。牡丹、芍药及郁金香、风信子等球根花卉宜于仲秋季节栽种。盆栽后放在 3~5℃的低温室内越冬，使其接受低温锻炼，以利来年开花。

适时入室

花卉种类繁多，每种花卉的抗寒能力不同，故入室时间因花而异。就一般花卉而言，在花卉不至于冻伤的前提下，最好稍晚一些入室。可暂时将盆花移至阳台或庭院背风向阳处，使其先经过一段时间的低温锻炼，这对多数花卉都是有益的。

文竹、扶桑、鹤望兰、一品红、变叶木、仙客来、倒挂金钟、万年青、橡皮树，以及秋海棠类、仙人掌类、多肉植物等不耐寒花卉，在气温降到10℃左右时入室为宜；米兰、茉莉、山茶、含笑、杜鹃、瑞香、金橘等，在气温降到5℃左右时入室为好。上述花卉入室后，若遇到气温突然回升，仍需搬到室外，天冷以后可不再来回搬动。盆栽石榴、无花果、月季等可先在-5℃条件下冷冻一段时间，促使其休眠，然后再搬入冷室（0℃）保存，以利来年生长发育。盆花入室初期要注意开窗通风，以免因室内温度高而徒长，影响来年的正常生长。

第四节 冬季养护要点

我国北方冬季漫长，天气寒冷，气候干燥，多数盆花需入室养护。但如不分品种仍照其他季节那样管理，往往容易使植株生病受害，严重时甚至整株死亡。对于花卉来说，冬季管理的中心是根据各类花卉的生长发育特性，为其创造适宜的生长环境，以使其安全过冬，同时为来年更好的生长发育打好基础。对于少数冬季和早春开花的花卉，则应使其继续正常生长，以便届时开花。要做到这些，需要做好以下四方面的工作。

适宜光照

到了深秋或初冬，要把盆花陆续搬进室内。室内放置位置要考虑到各种花卉的特性。通常冬、春季开花的花卉（如仙客来、蟹爪兰、水仙、山茶、一品红等）和秋播的草木花卉（如香石竹、金鱼草等），以及性喜强光高温的花卉（如米兰、茉莉、栀子、白兰花等）均应放在窗台或靠近窗台的阳光充足处；性喜阳光但耐低温或处于休眠状态的花卉，如文竹、月季、石榴、桂花、金橘、夹竹桃、令箭荷花等，可放在有散射光的地方；其他耐低温且已落叶或对光线要求不严格的花卉，可放在没有阳光的较阴冷之处。需要注意的是，不要将盆花放在窗口漏风处，以免冷风直接吹袭使花受冻；也不能直接放在暖气片上或煤火炉附近，以免温度过高灼伤叶片或烫伤根系。另外，在气温较高或晴天的中午应打开窗户，通风换气，保持空气流通，以减少病虫害的发生。

控制肥水

冬季多数花卉进入休眠或半休眠期，新陈代谢极为缓慢，肥水需求极少，应停止施肥。因此，除了秋、冬或早春开花的花卉及一些秋播的草本盆花可根据实际需要继续浇水施肥，其余盆花都应严格控制肥水。如果盆土不是太干，就不要浇水，尤其是耐阴或放在室内较阴冷处的盆花，更要避免浇水过多。梅花、金橘、杜鹃等木本盆花也应控制肥水，以免幼枝徒长，影响花芽分化，减弱抗寒力。多肉植物需停肥并少浇水，整个冬季基本上保持盆土干燥，或约每月浇 1 次水即可。没有加温设备的居室更应减少浇水量和浇水次数，使盆土保持适度干燥，以免烂根或受冻害。

冬季浇水宜在中午前后进行，不要在傍晚浇水，以免盆土过湿，根部受冻。浇花用的自来水一定要经过 1~2 天日晒才能使用。若水温与室温相差 10℃以上很容易伤根。

增湿防尘

北方冬季室内空气干燥，喜湿润花卉极易叶片干尖或落花落蕾，因此越冬期间应经常用接近室温的清水喷洗枝叶，以增加空气湿度。另外，盆花在室内摆放过久，叶面上常会覆盖一层灰尘，用煤火取暖的房间尤为严重，既影响花卉光合作用，又有碍观赏，因此要及时清洁。做清洁工作时，可用镊子夹住一小块泡沫塑料或海绵等物，蘸上少量稀薄中性洗衣粉液慢慢刷洗叶片，然后再用清水将洗衣粉残液淋洗干净，任其自然风干即可。

安全越冬

原产热带、亚热带的花卉大都有喜温暖畏寒冷的特性，当气温降到 0℃时就会受冻害，因此要养好这类花卉，冬季严寒地区必须做好防寒保温工作。对于住房并不宽裕而又养较多花卉的家庭来说，需要自己动手制作简易的保温防寒棚室等。

简易保温箱

如居室面积较大，可自制简易保温箱（图 2-1）。制作方法很简单：先用硬木条或角铁做个高约 160 厘米、宽约 80 厘米、厚约 50 厘米的箱框，再用粗铅丝编制两个网格式托板安放在框内，在托板上分别放入花盆，并在箱的底部放 1 个小水杯，安装 2 个 40 瓦的白炽电灯泡，最后在箱的外面罩上塑料薄膜，把箱放在室内人不常走动的地方。除有保温作用，这种简易保温箱还可提高湿度、增加光照，对性喜湿润的花卉安全越冬和继续生长均十分有益。

简易小暖棚

在向南阳台上用竹弓搭个简易小棚，要求前低后高，上面和四周均用双层塑料薄膜覆盖，底部用砖块压紧。寒冷天气，夜晚在棚上覆盖草帘或旧毛毯保温。入冬后，可将较耐低温的盆花（如月季、石榴、牡丹等）放入棚内越冬。

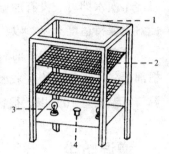

图 2-1　简易保温箱

1. 保温箱框　2. 粗铅丝网
3. 电灯泡　4. 小水杯

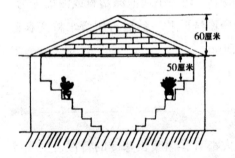

图 2-2　半地下式简易小温室

半地下式简易小温室

在庭院里选背风向阳的地方，做成宽 3~4 米、长 5~7 米的小温室（图 2-2）。具体做法是：先在两边挖出约 50 厘米深的沟，再按花盆大小由两边向中央逐层挖成台阶，最低处做走道；在上部搭起人字形架，约高于地面 60 厘米，层顶分内外两层，层间相距约 1.5 厘米，每层覆上塑料薄膜，四周用土封严、压实，以免被风刮开。在东侧开一小门，若温度过高时可以打开一条缝，进行通风散热。在北方冬季，这种小温室温度可以保持在 5℃ 左右。一般喜中温的花卉，如茉莉、栀子、白兰花、洋绣球、叶子花、梅花、金橘、桂花、夹竹桃等，都能在此安全越冬。

第三章

影响花卉生长的因素

生长和发育的含义不同，一般认为花卉的生长表现为体积和重量逐渐增加，而发育则是一个结构和功能从简单到复杂的变化过程。花卉的生长发育不仅受遗传因素的影响，而且受周围环境因素的影响。因此，要养好花卉，必须了解和掌握各类花卉所需要的环境条件，以便在栽培过程中人为地调控环境因素，创造最适宜的生长环境。影响花卉生长发育的环境条件主要有温度、光照、水分、土壤、空气等。上述环境条件存在着相互联系、相互制约的关系，因此这些环境条件中不论哪种因素发生变化都会影响花卉的生长发育。在制定花卉培育措施时，只有综合考虑各环境条件对花卉的影响，才能达到科学养花的目的。

第一节　温度

温度是花卉生存的必需条件。不论其他环境条件如何适宜，如果温度超过了花卉所能忍受的最高或最低温度界限，花卉就会受到损伤，甚至死亡。若环境温度过高，花卉就会因酷热而灼伤，甚至死亡；若环境温度过低，就会因严寒而冻死。温度随花卉所处的纬度、海拔高度、季节等变化而有很大的变化，其中尤以季节变化较为明显。

花卉对温度的要求

温度是影响花卉生长发育的主要因素。温度对花卉的影响主要是通过昼夜、季节和极温的变化三个方面进行的。每一类花卉的生长发育都有自己的最适温度、最高温度和最低温度，称之为温度的"三基点"。不同种类的花卉原产地的温度条件不同，因而对温度"三基点"的要求差异很大。根据花卉对温度的不同要求，通常将花卉分为以下三大类。

耐寒性花卉

大多数原产温带或亚寒带地区的花卉，能忍耐-15℃左右的低温。这类花卉在华北和东北南部地区可露地越冬，如二年生草本花卉中的三色堇、雏菊、矢车菊等，多年生草本花卉中的蜀葵、玉簪、石竹、山丹、萱草，以及木本花卉中的迎春、连翘、丁香、海棠、榆叶梅、黄刺玫等均属于这种类型。

半耐寒性花卉

大多数原产温带南缘或亚热带北缘地区的花卉，耐寒力介于耐寒性与不耐寒性花卉之间。这类花卉一般能忍受较轻微的霜冻，在-4℃的条件下能越冬。半耐寒性花卉通常在长江流域以南地区都能露地安全越冬，在华北、西北和东北南部地区，有的需埋土防寒越冬，有的需包草保护越冬，有的则需要移入最低温度不低于0℃的室内越冬。这类花卉有秋菊、芍药、金鱼草、金盏菊、翠菊、桂竹香、郁金香、风信子、月季等。

不耐寒性花卉

即原产热带、亚热带地区的花卉。这类花卉喜高温，除了在中国华南及西南地区南部可露地越冬，其他地区均需入温室越冬，故有温室花卉之称。根据其对越冬温度要求的不同，又可分为以下三类。

低温温室花卉 这类花卉生长期间温度高于0℃时不易出现冻害，但要使其继续正常生长则需要5℃以上，如山茶、杜鹃、含笑、春兰、一叶兰、八角金盘等。

中温温室花卉 这类花卉是指气温在5℃以上才不易受冻害的花卉，如文竹、瓜叶菊、报春花、小苍兰、苏铁、棕竹等。

高温温室花卉 这类花卉越冬最低温度要在10℃以上，有些种类要在16℃以上，如热带兰、变叶木、一品红、鹤望兰、白鹤芋、黛粉叶、火鹤花、花烛等。花卉的耐寒力与耐热力是相关的。一般来说，凡耐寒力强的花卉，耐热力都比较弱；反之，耐寒力弱的花卉，耐热力都比较强。在各类花卉中，耐热力最强的是水生花卉，其次是一年生草本花卉和仙人掌类植物。牡丹、芍药、菊花、石榴、大丽花等耐热力较差。耐热力最差的除秋植球根类花卉，还有倒挂金钟、天竺葵、蟹爪兰等。因此，养护这一类花卉，夏季必须放阴凉处，注意通风降温，否则容易因受热而死亡。

温度对花卉生长发育的影响

温度对花卉生长发育的影响

科学实验表明，在花卉生长的适温范围内（多为15~25℃），温度升高能促进细胞分裂和伸长，使花卉的生长速度加快。与此同时，温度越高，光合作用越强，制造的有机物质就越多，呼吸作用也会增强。温度范围为10~32℃，温度每增加10℃，花卉的呼吸速率就会增加2倍左右，这对于花卉的健壮生长十分有益。同一种花卉在不同发育阶段对温度的要求是不同的，例如在播种以后，土温偏高些，则有利于种子吸水、萌芽和出土；幼苗出土后温度宜略低些，以防徒长。当植株进入营养生长以后则需要较高的温度，因为高温有利于营养物质的积累。到了开花结实阶段，多数花卉不需要高温，温度稍低些有利其生长，所以许多花卉在伏天很少开花。对于二年生草本花卉来说，种子萌芽阶段需要较低温度，幼苗期间需要的温度则更低，只有经过这段低温的锻炼，才能通过春化阶段，进行花芽分化。

温度对花芽分化的影响

温度对花卉的花芽分化有着直接影响。各类花卉的花芽分化都需要一定的温度。二年生草本花卉需要经过一段低温期（1~15℃），才能通过春化阶段进入花芽分化期，否则就不能进行花芽分化而开花。这是因为这类草本花卉必须经受一定的低温刺激，才能转入生殖生长阶段，而且只有外界温度满足了它们所需要的低温要求时，才能在温度回升时现蕾开花。人们将花卉植物在发育的某一时期需要经受一段较低温度才能促进花芽形成的现象，称为春化作用。同时，将这种低温刺激植株发育促进花芽形成的过程，称为春化阶段。温度对许多每年只开1次花的木本花卉（如桃花、梅花、樱花、玉兰、碧桃、海棠等）的正常开花也有着较大影响。上述花木多在当年开花后的6~8月进行花芽分化，分化完成后即进入休眠状态，经过一段冬季的低温期，到翌春气温回升时自动解除休眠，然后开花。否则花芽发育就会受阻，即便开花也常表现出异常状态，使观赏价值降低。多种球根花卉则在夏季较高温度下进行花芽分化，如春植球根类花卉唐菖蒲、晚香玉、美人蕉等，均在夏季生长期内进行花芽分化；而郁金香、风信子、水仙等秋植球根类花卉，则在夏季休眠期间进行花芽分化。

低温对花卉的伤害

低温是指由寒流引起的突然降温。这种低温能使花卉的生理活性下降，严重时会导致花卉死亡。常见的低温对花卉的伤害有寒害、霜害和冻害三种。

寒害

又称冷害。是指0℃以上的低温对喜温暖花卉的伤害，受害的花卉主要是原产热带、亚热带的花卉。低温破坏了这类花卉体内酶的活性，使蛋白质代谢发生紊乱；低温抑制了这类花卉根系对水分的吸收，而叶的蒸腾作用变化较小，因而水分代谢平衡失调。花卉受到寒害后，最常见的症状是变色、坏死或表面出现斑点等，木本花卉还会出现芽枯、顶枯、破皮流胶及落叶等现象。

霜害

霜害是指气温或地面温度下降到冰点时，空气中饱和的水蒸气凝结成白色的冰晶，即霜，给花卉带来伤害。某些花卉遭受霜害后叶片呈现水渍状，霜化后软化萎蔫，不久即脱落。木本花卉幼芽受害后常变为黑色，花器呈水渍状，花瓣变色脱落。

冻害

冻害是指 0℃ 以下的低温对花卉造成的伤害。组织内部冰晶的形成会使细胞的原生质膜发生破裂，并使蛋白质变性失活。受到冻害后，草本花卉会被冻死，一些木本花卉树皮被冻裂，有枝枯和伤根，严重的冻害会导致植株死亡。

花卉受低温的伤害，除了外界气温条件，还取决于花卉品种本身抵抗低温的能力。花卉抗性的大小，主要是由遗传特性决定的。同一品种在不同发育阶段，抵抗低温的能力也不同，休眠期抗性最强，营养生长期次之，生殖阶段抗性最弱。

高温对花卉的伤害

花卉种类不同，能忍受的最高温度也有所不同。对大多数花卉来说，当温度达到 35～40℃ 时，生长就会变得缓慢，甚至停滞，出现许多生理异常现象，如叶片上出现坏死斑，叶色变褐、变黄等。当气温超过 45℃ 时，多数花卉都会死亡。花卉在开花结果期最易遭受高温伤害，使花粉粒不能在柱头上正常萌发，因而开花数量减少，花期缩短，花瓣焦灼。高温对花卉造成伤害，直接原因主要是高温加速了花卉的蒸腾作用，破坏了水分平衡。间接伤害原因较多，如高温破坏了植物体内的光合作用与呼吸作用的平衡，即光合作用能力减弱，呼吸作用相对增强，使花卉长期处于饥饿状态而死亡；温度达到50℃时，花卉体内的原生质凝聚变性，导致花卉死亡。在养花中要想防止高温伤害，可采取通风、喷水、遮阴等方法降温。

 第二节 光照

　　光照是花卉制造营养物质的能量来源，是使花卉正常生长发育的重要因素。没有阳光的照射，花卉的光合作用就无法进行，花卉的生长发育就会受到严重影响。一般而言，光照充足，光合作用旺盛，形成的碳水化合物就多，花卉体内积累的干物质也多，花卉才能生长发育良好。因此，对于多数观赏植物来说，只有在充足的光照条件下才能花繁叶茂，观赏价值才高。那么光因子对花卉都有哪些影响呢？科学研究显示，光是通过光照强度、光周期和光质对花卉的生长发育产生影响的。某些花卉长期生活在一定的光照度的特定环境中，对光强、光周期及光质形成了一定的需求，因而形成了这种（类）花卉的生态习性。原产地不同的花卉具有不同的生态习性。现将光照强度、光周期和光质对花卉生长发育产生的影响分述如下。

光照强度对花卉的影响

光照强度对花卉的生长发育有着重要作用。光能促进细胞的增大和分化，影响细胞的分裂和伸长。花卉体积的增长、重量的增加及开花的繁茂等都与光照强度有着密切的关系。充足的光照不仅能使花卉节间缩短、茎枝变粗，还能影响花青素的形成，使花的色彩鲜艳，提高花的观赏价值。

不同种类的花卉在原产地形成的生态习性不同，因而对光照强度的要求是不同的。根据花卉对光照强度的要求，大体上可将花卉分为以下四大类。

强阴性花卉

原产热带雨林、山地阴坡或幽谷涧边等阴湿环境中的花卉，忌阳光直射，在任何季节场地养护，都需遮阴，如蕨类、兰科、天南星科等，一般要求荫蔽度为80%～90%（即需遮去当时自然光照的80%～90%）。如果处于强光照射下则枝叶枯黄，生长停滞，严重的会整株死亡。

阴性花卉

原生活在丛林、疏荫地带的花卉，如各种秋海棠、山茶、杜鹃、君子兰、文竹、倒挂金钟、万年青、棕竹、蒲葵等，一般要求荫蔽度为50%～70%。这类花卉在夏季大都处于半休眠状态，需浓荫养护，否则叶片易焦黄枯萎。

中性花卉

大多数原产热带、亚热带地

区的花卉，如扶桑、白兰、茉莉等，在通常情况下需光照充足，但在北方盛夏日照强烈的情况下，略加遮阴生长会更好。

阳性花卉

这类花卉需要有充足的光照，不耐庇荫。月季、石榴、梅花、玉兰、紫薇、菊花等大部分观花、观果花卉属于阳性花卉。观叶类花卉也有一部分阳性花卉，如苏铁、棕榈、橡皮树等。多数水生花卉、仙人掌类及多肉植物也都属于阳性花卉。这类花卉如果阳光不足或生长在庇荫环境下则枝条纤细，节间伸长，造成枝叶徒长，叶片变淡、发黄，花小色淡或不开花，并易遭受病虫害。

有些花卉对光照的要求，随季节的变化而有所不同，如仙客来、大岩桐、君子兰、倒挂金钟、天竺葵等，夏季需要遮阴，而冬季又需要充足光照才能发育良好。此外，同一种花卉在其生长发育的不同阶段对光照的要求也不一样，幼苗需光量逐渐增加，属于阳性的秋菊却要求在短日照的条件下才能形成花蕾。

巧妙地调节和利用光照条件，是花卉栽培的重要技艺。在光照达到花卉生理需要的同时，适时适度调节光照，可以使花卉保持清新鲜艳。栽培实践证明，各类阳性花卉，如菊花、大丽花、月季等，在花期适当减弱光照，不仅可以延长花期，而且能保持花色艳丽。各种绿色花卉，如绿月季、绿牡丹、绿菊花、绿荷花等，花期适当遮阴，则花色碧绿如玉，否则容易褪色变白，降低观赏价值。

光周期对花卉的影响

人们通常把光照与黑暗的相对长度叫作光周期，而把植物对光照与黑暗昼夜交替发生的反应叫作光周期现象。不同种类的花卉，成花所需要的日照长度各不相同，一定的日照长度和相应的黑暗长度相互交替，才能诱导花芽的形成和开放。根据成花对日照长度的

要求，可将花卉分为以下三大类型。

长日照花卉

一个昼夜间日照时间长于黑暗时间的是长日照。长日照花卉要求光照时间长于黑暗时间，一般要求每天日照时数在12小时以上。长日照花卉大多为原产温带和寒带地区的花卉，自然花期多在春末和夏季，如唐菖蒲、荷花、翠菊、满天星、矮牵牛及多数春季开花的二年生草本花卉等。这类花卉日照越长，发育越快，植株粗壮，花序丰满，花色艳丽，果实饱满，否则植株细弱，花色暗淡，结实率低。

短日照花卉

一昼夜间日照时间短于黑暗时间的是短日照。短日照花卉要求光照时间短于黑暗时间，一般每天日照时数短于12小时。短日照花卉多在秋、冬季节开花，如秋菊、一品红、长寿花、蟹爪兰等。

短日照花卉在夏日长日照的环境下只能生长，不能进行花芽分化，入秋以后，当光照减少到10~11小时或更短才开始进行花芽分化。

中日照花卉

中日照花卉对日照长短没有一定的要求，在较长或较短的光照中都能开花。只要温度适宜，一年四季均能正常开花。常见的中日照花卉有月季、扶桑、非洲菊、香石竹、天竺葵、茉莉、大丽花、马蹄莲等。

利用各类花卉正常生长发育所需要光照长度不同的特性，人们可以根据需要，人为地调节和控制花期，以达到四季观花的目的。

光质对花卉的影响

太阳光中影响花卉生长发育的有可见光、紫外线和红外线。在红、橙、黄、绿、青、蓝、紫七色可见光中，红、橙、黄光能加速长日照花卉的发育，有利于花卉的生长，其中红色光和橙色光是叶绿素吸收最多的光波，对花卉的光合作用最有利，并能延迟短日照花卉的发育。青、蓝、紫光是色素形成的主要光能，并能抑制花卉的伸长而使植株矮小，节间缩短，其中蓝、紫光能加速短日照花卉的发育，延迟长日照花卉的发育。

紫外线是一种不可见光，对花卉的发育有着重要作用，不仅能抑制花卉茎的伸长，使花卉矮化，而且可以促进花青素等色素物质的形成。此外，它还能杀灭病菌孢子，提高种子发芽率。生长在高山地区的花卉，其花色之所以较艳丽，就是因为高海拔地区紫外线较多。室内养花时，由于紫外线受到玻璃阻挡，进入室内的数量较少，而红外线进入室内较多，因此，会出现同一种花卉在室内培养时不如露地栽培时花色艳丽的现象，同时还会出现枝条细长、叶色变淡等现象。

红外线是光谱中红光以外的一种不可见光，能促进花卉植株节间伸长，是引起植株徒长的主要光谱。它具有增热效果，是使地面增温并增加花卉体温的热能光波。

光谱成分随季节、天气及室内外环境条件而变化，因此养花时应注意因时、因地调节光照的强弱和长短，以满足花卉生长发育中的不同需要。

第三节　水分

　　水是花卉赖以生存的重要物质，花卉离开水就不能生存。因为水是花卉体的主要组成部分，一般花卉体内含有 70%~90% 的水。水在花卉体内的作用就好像人体中的血液一样，把各种营养物质吸收进来又运输到花卉体的各个部分；花卉需要的各种营养物质，都必须先溶解在水中才能被花卉吸收和运转；花卉体内的一切生命活动都要在水的参与下进行，如光合作用、呼吸作用等；水能维持细胞的膨压，使枝条挺直，叶片开展，花朵丰满；花卉要依靠叶面水分的蒸腾来调节本身的体温；水是花卉最重要的生命物质——原生质的组成成分，原生质的胶体状态离不开水。

　　总之，水是花卉生命的源泉，严重缺水时就会导致花卉死亡。现将不同花卉以及同种花卉的不同生长发育时期对水分的具体需求情况分述如下。

不同花卉对水分的要求

　　花卉对水分的要求与它的原产地水分条件有着密切的关系。原产热带和热带雨林的花卉需水量较多；原产干旱地区的花卉需水量较少。叶片大、质地柔软、光滑无毛的花卉需水量多；叶片小、质地硬或表面具蜡质层或密生茸毛的需水量就少。

　　根据花卉对水分需求的不同，通常将花卉分为以下四大类。

水生花卉

这类花卉的茎、叶、根之间均有发达的、相互贯通的通气组织，适于在水中生活，如荷花、睡莲、凤眼莲、王莲、菖蒲等。

湿生花卉

这类花卉长期生活在潮湿的地方，因而为了适应潮湿的环境，它们的体内有较发达的通气组织，形成了耐湿怕干旱的特性。这类花卉通常根系不太发达，控制水分蒸腾作用的结构较弱，叶片薄而软，因此抗旱能力差。常见栽培的有观赏蕨类、秋海棠类、湿生鸢尾类，以及兰科、天南星科和凤梨科部分花卉等。湿生花卉与水生花卉的主要区别在于，湿生花卉不喜欢长期浸没在水中，在其发育的某些阶段要求土壤稍干燥，以利土壤中气体的交换和养分的释放。

中性花卉

人们目前栽培的花卉大多属于这一类型。它们的根系和传导组织都比水生和湿生花卉发达，但这类花卉的体内缺乏完整的通气组织，因而不能在积水、缺氧的环境中正常生长。它们对水分较敏感，既怕涝又怕旱。这类花卉对水分的需求介于湿生花卉与旱生花卉之间，适宜生长在干湿适中的环境中，过干过湿均不利于其生长发育。月季、君子兰、扶桑、米兰、茉莉、鹤望兰、吊兰，以及一二年生草本花卉和宿根花卉等都属于这一类型。给这类花卉浇水应掌握"见干见湿，干湿交替"的原则。

旱生花卉

在长期干旱的环境下，仍然能够保持正常生长发育，并能维持水分平衡的花卉，称作旱生花卉。旱生花卉长期生活在雨水稀少的干旱地区或沙漠地带，为了适应这种环境条件，形成了特殊的形态构造。旱生花卉的特点是耐旱保水、怕水涝，水分多了容易烂根，如仙人掌、仙人球、山影拳、龙舌兰、虎尾兰、石莲花、生石花等。

给这类花卉浇水要掌握"宁干勿湿"的原则，以保持盆土偏干为宜。

花卉在不同生长发育期对水分的要求

同一种花卉在不同生长发育时期的需水量是不同的。

种子萌发期

种子萌发前需要吸收大量的水分，才能使体内的各种生理活动顺利进行。种子浸水后，种皮变软，此时种子的呼吸作用加强，细胞内酶的活性提高，通过水解与氧化等作用，营养物质从不溶状态转变为可溶状态，并成为水溶状态，运输到生长部位供吸收利用，从而使种子萌发，胚根、胚芽突破种皮而发芽生长。从上述过程中可以看出，种子吸胀时需要大量水分供应。

营养生长期

营养生长期大致分为幼苗期、青年期和壮年期。幼苗期根系弱小，在土中分布较浅，抗旱能力差，故应经常保持一定的湿润程度，但浇水量又不能过多，否则易引起徒长，使幼苗生长细弱；青年期正是枝叶生长旺盛期，对水分需求量大，供水充足才能生长茁壮，枝繁叶茂；壮年期也需给予适当的水分供应，以防止其早衰。

生殖生长期

花卉生长到一段时期后，营养物质经过一定程度的积累，便由营养生长转向生殖生长，进行花芽分化，然后开花、结实。在花芽分化期，水分供应必须适当，水分供应不足，会影响花芽正常发育；水分供应过多，也会抑制花芽的形成。因而在一些木本花卉的栽培中常用"扣水"（适当控制水分）的办法，来达到控制营养生长、促进花芽分化的目的。例如梅花、碧桃、玉兰、紫荆等花木，在花芽分化关键期，减少浇水次数，便可起到促进花芽分化的效果。广州地区的盆栽金橘在 7 月份控制浇水，促进花芽分化，从而达到多开花、多结果的目的。对于一些球根类花卉，如水仙、郁金香等，也同样可以在花芽分化期采取控水等措施，促进花芽分化。开花期间的水分供应要控制适量，水分过少，花朵难以完全绽开，或花朵变小，颜色变淡，花期缩短；水分过多，又易引起落花、落蕾。坐果初期要适当控制浇水量，以防引起落果，待到果实成长期要给予充足的水肥，以利于果实硕大。此外，花卉处于休眠期时，体内新陈代谢活动极为缓慢，需水量极少，因此浇水要严格控制，以利于休眠。

水分的吸收与传导

　　花卉需要的水分主要从土壤中吸收。吸水最多的是根的幼嫩部分，特别是根毛区。根毛细胞从土壤中吸水后传导到花卉体内，通过木质部的导管或管胞再把水分输送到花卉各个部分，供花卉生长发育需要。水分吸收和上升的动力，主要靠根压和蒸腾拉力，而蒸腾拉力是根系吸水的主要动力。影响根系吸水的外界条件主要是土壤的含水量、土壤温度和土壤的通气状况。

　　在这里需要说明的是，土壤中的水分并不都能被花卉吸收利用。土壤中的水分分为吸附水、毛细管水和重力水三种。吸附水紧密地吸附在土壤团粒结构中，不能被花卉吸收利用，所以又叫无效水；毛细管水吸附在土粒表面的团粒和团粒之间的空隙处，是花卉能够吸收和利用的水，因此又叫有效水；重力水又名暂时有效水，这种水在土壤中能自由流动。花卉吸收的水分绝大多数消耗于蒸腾作用，用于花卉组成成分的量还不到全部水量的 1%，而 99% 通过气孔与角质层以水蒸气状态散失到环境中去了。蒸腾作用可以促进木质部液流中物质的运输，降低植株的温度，防止受热害。影响蒸腾作用的主要因素是温度、空气湿度、光照、风速及土壤含水量等。

　　水分吸收和消耗之间的关系称为植物体的水分平衡，一般有下列三种状况：若水分吸收超过了消耗（即根系吸水量大于叶面的蒸腾），花卉体内水分过多，则花卉生长细弱，抗旱力下降，抗逆力减弱，如果长期水分过多，就会导致烂根、落叶，甚至死亡；若水分吸收少于消耗，由于缺水，就会出现萎蔫现象，严重缺水时则枝叶枯萎而死；若水分吸收等于消耗，这种平衡对花卉生长发育最有利。所以，培育花卉时水分供应是否适时、适量，是养花成败的关键所在。

水分过多或过少对花卉的危害

　　如果土壤中长期水分过多，甚至淹水，则土中空气便被水所取代而充满土壤间隙，使根系呼吸困难，代谢功能随之降低，吸水、吸肥能力减弱，导致窒息烂根，叶子发黄，甚至死亡。科学实验证明，土壤中氧气浓度低于10%时，大多数花卉根系的呼吸作用就会受到抑制，进而影响整株的生理功能。由于土中缺氧，有氧呼吸困难，此时土壤中具有分解有机物功能的氨化细菌、硝化细菌等好气性细菌的正常活动受阻，不能有效地分解土壤中的有机物，影响了矿质营养的供应。

　　与此同时，无氧呼吸增加，嫌气性细菌如丁酸细菌等则大量繁殖活动，产生硫化氢、氨等一系列有害物质，直接毒害根部，引起根系中毒死亡。倘若土壤中水分不足，根部吸收的水少于叶面蒸腾的水分，这时叶片就会出现萎蔫，严重的会导致枝叶枯焦。多数草本花卉如果长期处于干旱状态，则植株矮小，叶片失去鲜绿光泽，乃至整株枯死。对于非抗旱性花卉来说，干旱使花卉细胞体积显著缩小，细胞壁强烈收缩，原生质受到机械损伤而死亡。

空气湿度对花卉生长发育的影响

花卉所需要的水分，大部分来源于土壤，但空气湿度对花卉的生长发育也有较大影响。这一点常被一些花友忽视，殊不知空气湿度过大，易使枝叶徒长，花瓣霉烂、落花，并易引起病虫蔓延。开花期湿度过大，有碍开花，影响结实；空气湿度过小，会使花期缩短，花色变淡。

南花北养，如空气长期干燥，就会生长不良，影响开花和结果，这正是北方地区养不好南方花卉的原因之一。北方冬季气候干燥，室内养花如不经常保持一定的湿度，一些喜湿润的花卉往往会出现叶色淡黄、叶子边缘干枯等现象。根据不同花卉对空气湿度的不同要求，可采取喷洗枝叶或罩上塑料薄膜等方法增加空气湿度，创造适合它们生长的湿度条件。例如兰花、秋海棠、龟背竹等喜湿花卉，要求空气相对湿度不低于80%；茉莉、白兰花、扶桑等中湿花卉，要求空气湿度不低于60%。

第四节 土壤

土壤是花卉赖以生存的物质基础。土壤状况的好坏直接影响花卉的成活、生长速度和质量。

土壤的组成与特性

土壤是由矿物质、有机质、土壤水分和土壤空气四部分组成的。科学实验证明，适合植物生长的土壤如果按容积计算，矿物质占38%，有机质占12%，土壤空气和土壤水分各占15%~35%。在自然条件下，空气和水分的比例是经常变动的。一般花卉生长的最适含水量是土壤容积的25%，土壤空气亦占25%。

矿物质，由岩石风化而成，是组成土壤的最基础物质，能提供花卉所需要的多种营养物质。

有机质，是指存在于土壤中的动、植物等残体以及它们在不同分解合成阶段的各种产物。有机质经微生物分解和再合成作用产生的一种新的有机质——土壤腐殖质，可占土壤有机质总量的85%~90%。腐殖质不仅是养分的主要来源，同时对改善土壤的物理性状（主要是容重、孔隙度、紧实度等）、化学性状（主要是酸碱度等）、保水性能，促进土壤团粒结构的形成，以及通风、稳定温度等都有重要作用。

土壤水分，既是土壤自身理化作用所需要，又是花卉生长发育必不可少的物质条件。

土壤空气，是根系呼吸作用和微生物生命活动所需要的氧气来源，也是土壤矿物质进一步风化及有机物转化释放出养分的重要条件。大多数花卉在通风良好的土壤中茁壮生长。当土壤空气中氧的浓度低于10%时，根系生长便会受到影响；低于5%时，绝大多数花卉的根系就会停止生长。

此外，土壤温度不仅直接影响花卉种子的萌发和扎根出苗，而且能影响根系的生长、呼吸及吸收能力。对于大多数花卉来说，土温为20~30℃时最为有利。土壤中大多数微生物的活动也以在此温度范围内最适宜。

土壤理化性状与花卉生长发育的关系

土壤是花卉生长发育的重要生态环境。因此，土壤的理化性状直接影响花卉生长发育的好坏。

土壤的物理性状

土壤的物理性状主要包括土壤质地、结构、孔隙度等。土壤质地是指组成土壤的大小不同的矿物质的相对含量。通常按矿物质颗粒直径的大小，把土壤分为沙土、壤土和黏土三大类，其中壤土含有机质较多，既有较好的通透性，又有保水、保肥能力，适合大多数花卉生长发育。土壤结构，是指土壤排列状况，其中以团粒结构的土壤最适合花卉生长。土壤的团粒结构是土壤肥力的象征，没有团粒结构的土壤就等于没有肥力。那么什么是团粒结构呢？团粒结构就是土壤中的腐殖质把矿质土粒互相黏结成直径大于 0.25 毫米的小团块，这种团块叫作"团粒"。具有团粒结构的土壤，能协调土壤中水分、空气、养分和温度之间的矛盾，改善土壤的理化性质，保水、保肥力强，适合植物生长。

土壤的化学性状

土壤的化学性状主要是指土壤的酸碱度。

肥料与花卉生长发育的关系

肥料是花卉的"粮食"，是花卉生长健壮的重要物质基础。这是因为花卉生长发育需要用多种营养元素来建造有机体。

一般来讲，新鲜花卉含有 5%～25% 的干物质。如果把这些干物质焚烧后就会发现，花卉机体是由多种营养元素构成的。施肥的目的就是补充土壤中营养物质的不足，以便及时满足花卉生长发育过程中对营养元素的需求。养花实践证明，施肥合理、养分供应及时，花卉就会生长健壮，枝繁叶茂，花多果硕，观赏价值高。反之，长期不施肥或施肥不科学，花卉就会生长不良，花少或不开花，结果少或不结果，降低或丧失观赏价值。"要让花儿发，全靠肥当家"的花谚，就是养花经验之谈。由于花卉为观赏植物，因此施肥需要了解花卉的营养特性，以便有针对性地施肥，培育出优质的花卉，满足人们美化环境的需要。

第五节 空气

空气是花卉生命活动中的另一个主要因素。科学实验证明，空气对花卉生长发育的影响，主要体现在空气成分、大气污染程度和风三个方面。

空气成分在花卉生命活动中的作用

大气中空气的成分十分复杂，有氮、氧等多种成分。按体积计算，氮大约占78%，氧约占21%，二氧化碳约占0.03%，此外，还有多种其他气体、水汽、烟尘和微生物等。空气中的氧气和二氧化碳在花卉的生命活动中起着重要作用。因为花卉和动物一样，生命的各个时期都需要氧气进行呼吸作用。花卉通过呼吸作用，将光合作用制成的有机物转变成花卉生长发育所需要的各种物质，供花卉生长发育。因此呼吸作用是花卉生命活动中能量的来源，而氧气是植物进行呼吸作用所不可缺少的。二氧化碳是植物进行光合作用的主要原料之一，缺乏二氧化碳，光合作用就无法进行。所以，如果空气中缺了氧气和二氧化碳，花卉的生长发育就会受阻，轻则生长不良，重则导致死亡。

通常空气中氧气的含量足以满足花卉生长发育的需要，只要注意通风，花卉是不会缺乏氧气的。但土壤表层板结时，由于土中缺氧，无氧呼吸增加，产生大量有害物质，植株地下部分常易出现氧气不足现象，导致根部呼吸受阻而烂根，严重时引起植株死亡。为此，养花时必须选用疏松、通气、透水性能良好的土壤，并注意适量浇水。氧气对花卉之必需，不仅因为花卉植株生长需要氧气，还因为大多数花卉种子的发芽也需要一定的氧气，如将翠菊、波斯菊等种子泡在水中，它们就会因缺氧而呼吸困难，以致不能发芽。科学实验证明，在养花时适当增加空气中二氧化碳的含量，就会增加光合作用的强度，从而提高花卉植物的光合效率。

有资料介绍，空气中二氧化碳的含量增加 10 倍时，光合作用就会有效增加，但是如果增加过量（二氧化碳含量增加到 2%～5% 以上）反而会抑制光合作用的进行，对花卉有害。如果温床或温室中施入厩肥或堆积过多，就会使土壤中二氧化碳的含量大量增加，严重影响根系的呼吸和水分的吸收。为防止这种危害，除施肥要适量，还应注意增加光照和加强通风，并经常松土，促进土壤空气和大气气体之间的交换。如果花卉长期生活在密闭和阴暗的环境中，由于空气和阳光不足，呼吸就会受到限制，有机物的制造也会受阻，花卉生长就会日益衰弱，时间一长，就会死亡。

有害气体对花卉的危害

随着现代工业的发展，工矿企业向大气排放的有害气体越来越多，数量也越来越大，造成大气严重污染，影响了人体健康，同时这些有害气体对花卉也有较大的危害。

近年来引起人们注意的大气污染物有100多种，其中对花卉生长发育威胁最大的有二氧化硫、氯气、氟化物、二氧化氮、一氧化碳、氨气、光化学烟雾等。

二氧化硫从气孔进入叶片后破坏细胞内的叶绿体，会使组织脱水并坏死。受害严重时叶脉褪成黄褐色或白色，叶片逐渐枯黄，生长旺盛的叶子受害尤其严重。对二氧化硫污染抗性强的花木有美人蕉、鸡冠花、凤仙花、菊花、石竹、夹竹桃、海桐、冬青、山茶、枸骨等。

花卉受氯气伤害后，叶脉间将产生不规则的白色或褐色的坏死斑点、斑块。初期呈水渍状，严重时变成褐色，叶子卷缩并逐渐脱落。对氯气抗性强的花木有矮牵牛、一串红、结缕草、唐菖蒲、大丽花、朱蕉、扶桑、大叶黄杨、夹竹桃、海桐等。

氟化物中毒性最强的是氟化氢，花卉受害几小时后便出现萎蔫现象，同时绿色消失，变成黄褐色。一般幼芽、幼叶受害最重，新叶次之。对氟化物抗性强的花卉有矮牵牛、石竹、万寿菊、天竺葵、倒挂金钟、凤尾兰、月季、海桐、夹竹桃、大叶黄杨、桂花、金钱松、罗兰松、广玉兰等。

花卉对空气污染的净化与监测作用

科学实验表明，花卉是改善生态环境、净化大气的天然卫士。

它能通过叶片有效地吸收大气中的有害气体，减少空气中有害气体的含量，净化空气，有利于人体健康。花卉对有害气体具有抗性的机理是：有些花卉具有生理生化抗性，如有些花卉细胞质具有较大的缓冲容量，当有害物质进入细胞后，能迅速减弱其毒性；有些花卉的细胞在新陈代谢中能较快地吸收和转化有害物质，避免有害气体在体内积累过多而中毒；此外，有些花卉能使某些毒素在其体内转化为无毒物质等。对二氧化硫、氯气、氟化氢等抗性强的主要花卉已在上述部分作了介绍。除此之外，还有许多花卉具有吸收有害气体的功能，常见的有百日草、金盏菊、地肤、牵牛花、白兰花、黄杨、棕榈、一品红、紫薇、龟背竹、茉莉、米兰、栀子、石榴、无花果、金银花、合欢、柑橘、木槿、腊梅、石楠、龙柏等上百种花卉。由于上述花卉具有吸收空气中有害气体的作用，因此被人们誉为"绿色消毒器"。

与此同时，多种花卉有吸附粉尘、烟尘及其他有毒微粒（如铅、汞等）的能力，可以减少空气中细菌的数量，净化大气环境，成为天然的"净化器"和"灭菌器"。特别值得一提的是，草坪植物具有更强的减尘能力，芳草萋萋，绿茵铺地，形成"黄土不露天"的一片"绿绒毯"，是防止飞沙漫扬、降低空气中悬浮物的天然阻隔器，对改善城镇生态环境、防止大气污染起着重要的作用。茂密的花卉枝叶、绿色草坪还具有反射或吸收声波的作用，是良好的天然"消声器"，可以减弱噪声污染。

花卉中还有不少敏感的植物哨兵，可以作为空气污染的监测器，例如对二氧化硫敏感的花卉有美人蕉、秋海棠、天竺葵、彩叶草、牵牛花等；对氯气敏感的花卉有百日草、郁金香、蔷薇等；对氟化氢敏感的花卉有唐菖蒲、仙客来、风信子、鸢尾、杜鹃等；对臭氧敏感的花卉有藿香蓟、小苍兰、香石竹、牡丹、菊花等。上述花卉对大气污染的反应远比人敏感得多，如二氧化硫浓度达到1~5毫克/

升时，人的嗅觉才能感觉到，而敏感的花卉在0.3毫克/升浓度下几小时内就会表现出受害症状。为此，人们可以利用某些花卉对某种有害气体具有敏感性的特性，监测大气中有害气体的浓度，指示环境污染程度，这是一种既经济又可靠的方法。如利用美人蕉等监测二氧化硫、利用唐菖蒲等监测氟化氢、利用百日草监测氯气、利用藿香蓟等监测臭氧、利用矮牵牛监测光化学烟雾、利用向日葵等监测氨、利用兰花等监测乙烯、利用女贞监测汞等，都是行之有效的办法。

风对花卉的影响

空气流动形成风。风对花卉的影响是多方面的，它不仅可以直接影响花卉的生育，如风媒、风折、风倒等，而且能影响环境中的温度、湿度、二氧化碳浓度的变化，从而间接地影响花卉的生长发育。风对花卉的影响，概括地讲，既有有益的一面，也有有害的一面。花卉健壮生长，要求经常供给新鲜的空气，否则生长就会受到影响。因此，家庭室内养花，必须注意经常通风换气。露地栽培的花卉，要选择宽敞通风的场地，以防烟尘和大气污染，同时需注意防止大风吹折花枝。温室花卉，由于栽培地点的特定性，更要注意通风透光，尤其是用煤火取暖的温室，若通风不良，就会使一氧化碳、二氧化硫等有害气体大量增加，引起花卉中毒。由于花卉种类不同，中毒后的症状表现也不一样，通常是中毒后叶缘、叶尖或叶片出现斑点，甚至整叶枯焦。

第六节 防病治虫

养花的主要目的是供人们观赏。经过人工培养的花卉抗逆性下降，较为嫩弱，因而在其生长发育过程中常易遭受病虫等有害生物的侵袭，轻者姿容减色，降低观赏价值，重者整株枯萎死亡。因此及时做好病虫害的预防和防治工作是养花者的一项重要任务。

花卉病害发生的原因

在花卉生长发育过程中，由于遭受有害生物的侵袭或受到不良环境条件的影响，花卉的新陈代谢作用受到干扰或破坏，生理机能和组织形态发生改变，植株变色、变态、腐烂以及局部或整株死亡，这种现象就称为花卉病害。

花卉病害发生的原因大体上分为两类：一类是由不适宜的环境条件引起的，由于不能互相传染，故称为非传染性病害，又叫生理病害；另一类是受到有害生物侵染引起的，称为侵染性病害，又叫寄生性病害、传染性病害。

生理病害发生的原因较多，但最主要的是气候和土壤条件。例如高温使花卉生理功能受损害，严重时花卉因干旱而死；低温造成寒害和冻害，也会导致花卉死亡；炎夏强光直射，引起叶片灼伤；土壤中缺乏某种或某些营养元素时花卉会出现缺素症；北方许多地区土壤含盐碱成分较多，缺乏可溶性铁元素，使栽植的喜酸性土的花木易患黄化病；水分缺乏常引起叶片萎蔫，严重时整株枯萎而死；水分过多，常造成土中缺氧，引起烂根落叶；大气中有害物质的污染，也易引起花卉的中毒死亡。

上述各个因素之间常常是互相影响和彼此联系的，如日灼与高温有关，干旱与日照及风有关，缺铁与土壤酸碱度有关等。生理病害的症状通常表现为变色、黄化和叶缘、叶尖枯焦，落叶、落花、落果、萎蔫以及其他不正常现象。正是生理病害发病的原因具有复杂性，所以对其防治也应是综合的，主要有改善环境条件和加强栽培管理以及消除有害的环境因素等措施。

侵染性病害是由真菌、细菌、病毒、线虫、类菌原体、类病毒等病原生物侵染引起的。受这类病原生物侵染的植物称为寄主。病原生物在寄主体内或体表生长、发育和繁殖，不仅夺取寄主营养，而且它的代谢产物又常对寄主产生刺激和毒害作用，导致寄主发生一系列病变最终表现出不同特征的症状。侵染性病害，按照病原类型，可分为真菌性病害、细菌性病害、病毒病害、线虫病害、类菌原体病害、类病毒病害等。其中以真菌性病害种类最多，发生最普遍，分布最广，危害也最重；名列第二位的是病毒病害，近些年来病毒病日渐增多，许多种名花上都有病毒病。

花卉病害对花卉根、茎、叶、花、果实的任何部位都能引起伤害。叶（含花、果）部病害，是花卉上流行最广的一类病害。染病后出现坏死斑点、变色、干枯、腐烂等症状。常见的有各种形状的叶斑病、叶枯病、白粉病、炭疽病等，大都是由真菌侵染所致，少数是由病毒、细菌侵染引起的。茎（枝干）部病害，常见的枝枯病、茎腐病、溃疡病、白绢病、丛枝病等，大多数是由真菌侵染引起的，个别的是由细菌侵染造成的。根部病害，常见的有立枯病、根腐病、根结线虫病、根癌病等，病原物分别为真菌、线虫和细菌。

常见主要病害及其防治

花卉黄化病

又名缺绿病（图3-1）。大多数喜酸性土壤的花卉，如山茶、杜鹃、栀子、含笑、白兰、茉莉、兰花、米兰等常易出现此种病害。发病后先是幼嫩叶片的叶色变黄，但叶脉仍为绿色，最后整个叶片变为黄白色，严重时叶缘枯焦，并自行凋落。发病原因主要是土壤中的铁在碱性土中变成不溶性，不能被花卉吸收。防治方法：①使用酸性土

图3-1　黄化病

栽种，并每年换1次土。②生长季节向叶面上喷0.2%的硫酸亚铁水溶液。③生长旺盛期施用矾肥水，或施发酵的淘米水，或施250倍的食用米醋液。

根腐病

花卉根腐病种类较多，最常见的是患病后根部变成褐色腐烂状。发病原因主要有两种：一是长期浇水过多；二是病菌侵染。

防治方法：①盆栽选用疏松、排水畅通的培养土，并注意合理浇水。②移栽缓苗后浇灌硫酸亚铁溶液。③对刚发病的植株，倒盆后剪除烂根，涂以硫黄粉，换进新的培养土再重新栽植。

煤烟病

又名黑霉病（图3-2）。此病能危害多种花卉，多发生在枝

图 3-2 煤烟病

叶及果实上。发病初期，病部表面出现暗褐色霉斑，后逐渐扩大，形成黑色煤烟状霉层，严重时造成植株枯死。此病是由一种真菌侵染所致，多在高温、通风不良等条件下伴随蚜虫、介壳虫发生。

防治方法：①注意通风透光，并适当降低空气湿度。②发生数量少时可用清水轻轻将霉层擦洗干净。③喷洒 100 倍硫酸铜液或 500 倍高锰酸钾液。

叶部病害

常见的主要有白粉病（图 3-3）、褐斑病（图 3-4）、斑点病、炭疽病（图 3-5）、灰霉病（图 3-6）等病害，这一类病害均系真菌侵染所致。

它们所表现出的症状不同，但防治方法是大同小异的：①合理施肥与浇水，使植株生长健壮，提高抗病能力。②发现病叶及时剪除销毁。③发病初期喷洒 50% 多菌灵或 50% 托布津 500~800 倍液。

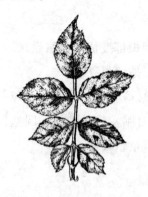

图 3-3 白粉病（月季）

图 3-4 褐斑病（菊花）

图 3-5　炭疽病（中国兰花）

图 3-6　灰霉病（倒挂金钟）

软腐病

此病是一种细菌性病害（图 3-7），由欧文软腐杆菌侵染所致，主要危害仙客来、马蹄莲、君子兰、海芋、百合、桂竹香、百日草、大丽花、唐菖蒲、鸢尾、仙人掌等花卉。每种花卉因受害部位不同，症状也各异。一般多危害叶片和茎部，通常受害部位初呈水渍状，后变成褐色，随即变为黏滑软腐状，在软腐的组织内混有白色、黄色或灰褐色糊状黏稠液，并发出恶臭味，病情严重时造成整株死亡。

图 3-7　软腐病（君子兰）

1. 被害状　2. 病原细菌

防治方法：①盆栽宜每年换 1 次新的培养土，并施用充分腐熟的有机肥。②栽植时注意选用无病繁殖材料。③发病后及时喷布 200～400 毫克/升的农用链霉素液，喷布重点是病株及其根际土壤，约每隔半个月喷 1 次，连续喷 3 次，即能控制病害蔓延。

常见主要虫害及其防治

危害花卉的有害动物种类较多，其中昆虫在95%以上，此外还有螨类、软体动物等。按照危害方式和部位，大体上分为刺吸害虫（蚜虫、粉虱、介壳虫、蓟马等）、食叶害虫（各种蛾蝶类幼虫、金龟子、象甲等）、蛀干害虫（天牛、木蠹蛾、吉丁虫等）和地下害虫（蛴螬、地老虎、金针虫、蝼蛄等）四大类。

蚜虫

俗称腻虫。多群集在花卉的嫩叶、嫩茎及花蕾上刺吸花卉汁液，引起叶片变黄、卷曲，严重的造成枝叶枯萎死亡（图3-9）。

图3-9 蚜虫及其危害状

防治方法：①喷洗衣粉液。取中性洗衣粉10克，加水稀释成500～600倍液喷雾，可防治蚜虫、红蜘蛛、白粉虱、介壳虫若虫。由于该溶液接触到虫体后方能有效，故喷洒时必须喷洒叶片正反面，注意仔细周到。②喷烟草液。将50克烟叶浸泡在200克水中，一昼夜后经过反复揉搓过滤后即可使用。如能在此溶液中再加入0.1%的中性洗衣粉则效果更佳。如果只养3～5盆花，也可用香烟头10个，用开水浸泡一天，加入冷水500毫升，过滤后，再加入1克中性洗衣粉混匀后喷洒，可防治蚜虫、红蜘蛛、白粉虱、介壳虫若虫等害虫。③喷辣椒水。将辣椒捣烂后加水煮沸，然后加10多倍水过滤后喷洒，可防治蚜虫、红蜘蛛、椿象等。

红蜘蛛

俗名火龙，个体小，体长不超过1毫米，呈圆形或卵圆形，橘黄或红褐色，一般肉眼难以发现，需用放大镜观察。此虫在高温干燥季节危害严重。成虫、若虫用口器刺入叶内吸吮寄主汁液，被害叶片叶绿素遭到破坏，叶面上出现密集而细小的灰黄色小点或斑块，严重时叶片枯黄脱落，植株死亡（图3-10）。有些种类还能传播病毒病。

图3-10　红蜘蛛及其危害状

防治方法与蚜虫基本相同。喷洒20%三氯杀螨醇1000倍液，对防治螨卵、幼螨、若螨和成螨都有良好效果。

白粉虱

又名温室白粉虱，是危害花卉的主要害虫之一。成虫个体小，体长约1毫米，淡黄色，全身被蜡质粉状物，有翅能飞，但不善飞。其危害方式是成虫、若虫群聚叶背，用口针刺入寄主组织内吸吮汁液，致使叶片枯黄脱落（图3-11）。成虫分泌蜜露，易使植株感染黑霉菌，导致叶片及枝条发生煤烟病，影响花卉光合作用和呼吸作用的进行，导致花卉叶片枯萎，严重的会整株死亡。此外，还能传播某些病毒病。白粉虱能危害多种花卉，主要危害倒挂金钟、一串红、月季、五色梅、夜丁香、茉莉、扶桑、天竺葵、瓜叶菊、蜀葵、向日葵、仙客来、翠菊、大丽菊、芍药等一二百种常见花卉。

防治方法：①喷药防治。喷洒2.5%溴氰菊酯或10%二氯苯醚菊酯或20%速灭杀丁2500~3000倍液，对各虫态均有良好的防治效果。②药剂熏蒸。在温室或塑料大棚内，用80%敌敌畏乳剂熏蒸，每立

图 3-11　白粉虱及其危害状

方米用 2～5 毫升原液，加水 60～100 倍，均匀地洒在摆花行间的地面上。熏蒸时将门窗关严，密闭 1 夜，以后每隔 5～6 天再熏蒸 1 次，一般连续熏蒸 3 次便可将其彻底消灭。③利用白粉虱对黄色有强烈趋性习性的特点，在发生区花卉植株旁边插上黄色塑料板，板上涂以无色的黏油，振动花枝，待该虫飞到板上粘住时捕杀。此外，利用丽蚜小蜂、中华草蛉等益虫防治白粉虱，也是一种行之有效的措施。若是家庭养花，可用塑料袋将花盆罩上，在小棉球上滴 1 滴 80% 敌敌畏乳剂（切忌药液过多，以免发生药害），放入罩内下部，然后用细绳将罩捆紧，密闭 1 夜后打开，过 5～6 天再熏 1 次，一般需连续熏 3 次，才能将其全部消灭。

介壳虫

俗名花虱子。介壳虫种类多，分布广，是花木上一类最常见的主要害虫，能危害多种花木。常见危害花木的介壳虫约有 100 种。主要有吹绵蚧、盾蚧（仙人掌白盾蚧、月季白轮蚧、桑白蚧、椰圆蚧、蛇眼蚧）、蜡蚧（角蜡蚧、日本龟蜡蚧、红蜡蚧、褐软蚧等）等。雌雄异形，雌虫无翅，身体没有明显头、胸、腹的分界；雄虫有 1 对膜质的前翅，后翅转化为平衡棍。通常是雌性成虫、若虫群聚花木枝、叶、果实等处，用口针刺入寄主组织内大量吸吮汁液，造成枝叶萎黄，甚至整枝、整株枯死。许多种类排泄的蜜露是真菌的良好培养基，易诱发煤烟病（图 3-12）。

由于绝大多数介壳虫体表常覆有介壳或被粉状、绵状等蜡质分泌物，一般药剂很难渗入虫体，因此此虫抗药性强，防治较为困难。

故需采取综合防治的措施，才能取得较好的效果。

防治方法：①加强植物检疫。介壳虫的传播主要是随苗木、接穗、种子、果实、球根等的调运、交流等活动传播的，因此凡是引进或调出上述繁殖材料都必须严格实行检疫。如发现有介壳虫应立即采取有效措施加以消灭。②

图 3-12　介壳虫及其危害状

人工防治。结合花木修剪，剪除虫枝并将虫叶集中销毁。发生数量不多时可用毛刷、竹片等物人工刷（刮）除。③药物防治。初龄若虫期（即从卵中刚孵化出来至泌蜡初期）喷洒 25%亚胺硫磷或 50%敌敌畏或 50%杀螟松 1000 倍液，每隔 7~10 天喷 1 次，连续喷 3~4次。由于介壳虫个体小，且多寄生在枝叶背面，喷药时要喷得均匀、周到。④注意保护和利用害虫的天敌。在益虫（如澳洲瓢虫、大红瓢虫、黄金蚜小蜂等）大量聚集处尽量避免施用农药，若非施药不可时也要选用内吸性杀虫剂，以减少对其天敌的杀伤。

蜗牛与蛞蝓

蜗牛与蛞蝓均为陆生软体动物。我国常见有害的蜗牛主要有薄球蜗牛、灰巴蜗牛、同型蜗牛、条华蜗牛等 4 种；现已知的蛞蝓有双嗜黏液蛞蝓、黄蛞蝓等 14 种。蜗牛体外有一硬壳保护其柔软的身体（图 3-13）；蛞蝓身体裸露，体表经常分泌许多似鼻涕的黏液，故俗称鼻涕虫（图 3-14）。这两类有害动物习性相似，都喜欢阴湿，常年生活在潮湿而又阴暗的地方，因此温室内的环境有益于它们的生长和生活，它们食害多种花卉的花、叶、芽及嫩茎等部位，常将嫩叶、嫩茎啃成不规则的孔洞或缺刻，并易引起细菌的侵入造成腐烂。这两类害虫主要危害瓜叶菊、铁线蕨、仙客来、秋海棠、紫罗兰、非洲菊、兰花、洋兰、菊花、小苍兰、扶桑等花卉。

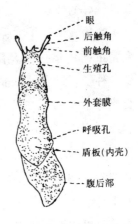

眼
后触角
前触角
生殖孔
外套膜
呼吸孔
盾板(内壳)
腹后部

图 3-13　灰巴蜗牛

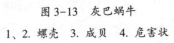

图 3-14　野蛞蝓

1、2. 螺壳　3. 成贝　4. 危害状

防治方法：①人工捕捉。②毒饵诱杀。在麸皮中加入少量水拌上敌百虫等农药，撒在它们经常活动的地方，或在花架上、花盆周围喷洒 800～1000 倍敌百虫溶液。③在花盆周围和底部撒施一些石灰粉或 80% 灭蜗丹颗粒剂，每平方米约 1 克即可。此外，可将 20% 硫丹乳剂 300 倍液喷洒在受蜗牛危害的植株上。

鼠妇

图 3-15　鼠妇与球鼠妇

1. 鼠妇　2. 球鼠妇

俗名潮虫。属于节肢动物门、甲壳纲，是温室内常见的一类害虫。常见的有两个类型：一类受到惊动时常把足缩起来，身体变成球形，叫做球鼠妇；另一类是受到惊动时身体不变成球形的，叫鼠妇（图 3-15）。鼠妇性喜潮湿，白天多隐居在花盆底部，从盆底排水孔内食害嫩根，夜间出来活动和取食。主要危害瓜叶菊、紫罗兰、秋海棠、仙客来、铁线蕨、天竺葵、仙人球、仙人掌及多种多肉花卉的根、茎等部位，造成缺刻或引起溃烂。

防治方法：①换盆时注意人工捕杀。②保持温室的清洁卫生，及时清除多余的砖头、瓦块以及废杂物品。③发现害虫时用 50%辛硫磷乳剂 1000~1200 倍液或 25%西维因 500 倍液，喷洒在盆架和盆底等处。

第七节　修剪整形

花卉修剪整形的作用

修剪和整形是花卉养护管理中一项重要的技术措施。修剪整形可以使花卉的枝条分布均匀，使株形整齐美观，提高观赏价值。否则任其自然生长，不仅枝条徒长，杂乱无章，而且花量会减少，甚至不开花，大大降低观赏效果。因此，素有养花"七分靠管，三分靠剪"的谚语。花木修剪包括剪枝、摘心、摘叶、剥蕾、疏花、疏果、抹芽、剪根等。修剪的时间因花木种类和栽培目的而异，通常分为生长期修剪与休眠期修剪两种。生长期修剪以摘心、摘叶、抹芽，剪除徒长枝、病虫枝、残花梗等为主要内容，在花卉生长期间随时都可进行；休眠期修剪以疏枝和短截等为主要内容，宜在早春枝液刚刚开始流动，芽即将萌发时进行。

盆栽花卉和花灌木的修剪适期

以观花为主的盆花，凡春季开花的品种，如迎春、梅花、碧桃等，花芽大都是在头年生枝条上形成的，因此冬季不能修剪，否则就会将许多生有花芽的枝条剪掉，而应在花谢以后2周内修剪；凡在当年生枝条上开花的花木，如扶桑、一品红、月季、茉莉、夹竹桃、米兰、倒挂金钟、叶子花、金橘、代代、佛手、石榴等，则可在早春休眠期修剪，促使其多发新枝、多开花、多结果。大多数早春和春夏之交开花的花灌木，如玉兰、丁香、樱花、桃花、榆叶梅、金钟花、郁李、紫荆、紫藤、黄刺枚、连翘等，也都是在头一年夏秋季节进行花芽分化的。因此，这类花卉也应在花谢以后进行修剪，不能延至冬季再修剪，否则就会影响开花数量。一些夏秋季开花的花灌木，如紫薇、凌霄、木芙蓉、木槿、枸杞等，它们都是在当年生萌发的新枝上形成花芽的，这类花木可在冬季落叶后的休眠期进行短截修剪。对于一年内连续开花几次的花木，如月季、茉莉等，应在每次花谢后立即进行适度修剪，促使其抽生新枝，再次开花。

剪枝的方法

剪枝主要是进行疏枝和短截。疏枝是剪除过密枝、交叉枝、徒长枝、纤弱枝、病虫枝及枯枝，以利通风透光，使养分集中，减少病虫害的发生。疏枝时残桩不能留得过长，一般上切口从分枝点起，按45度倾斜角剪截，切口要平滑；短截是将枝条的一部分剪短，促使萌发侧枝，调整长势，使树冠匀称、优美，有利于开花结果。剪口要平滑，成45度角向剪芽相反方向倾斜，剪口的下端在芽上约1厘米处为宜，芽应选留在枝条的外侧，让新枝向外生长，花芽顶生的花木不宜短截。

摘心、剥芽、摘叶、剥蕾、疏果的作用

摘心主要用于草本花卉的幼苗。将嫩梢顶部摘除，促使其萌发

侧枝或加粗生长，使植株矮化、枝多、花多，例如矮牵牛、五色椒、长春花等小苗定植成活后株高约 10 厘米即进行摘心，促使多发侧枝，使株形丰满，增加开花数量。秋海棠、天竺葵、倒挂金钟、菊花等，幼苗长到一定高度时也应摘心。此外一串红多次摘心，可使植株高度整齐一致，开花繁茂，还可以控制花期。

菊花、大丽花、紫罗兰、香石竹等草本花卉，用作鲜切花使用时，需要加粗花梗，苗期要注意剥去侧芽，以利主花梗的形成。

在花卉生育期间适当摘除部分老叶，具有增强新陈代谢，促进新芽萌发，使植株整齐的作用。一些常绿草本花卉，如吊兰、万年青、一叶兰、马蹄莲、天门冬等均应及时摘除部分老叶，以利促发新叶。茉莉春季出室后摘除老叶，可以促进腋芽萌发，多发新枝新叶，长势旺，花蕾多。但五针松等针叶树不宜摘叶。

剥蕾主要是剥除叶腋间着生的侧蕾，使养分集中供应顶蕾开花。如牡丹、山茶、菊花、大丽花、月季等花木均应及时剥除过多的侧蕾。用于鲜切花的玫瑰、香石竹、菊花等，都要注意摘蕾，只有及时摘除侧蕾，才有利于营养集中促使花梗增长，花朵增大，提高单朵花的观赏价值。剥蕾一般宜在花蕾长到绿豆粒大小时进行。

疏果，可以节省养分并能减少出现隔年结果的现象，如佛手、金橘、石榴等，幼果长到直径约 1 厘米时应疏除一定数量的果形不正和过小的果实，促进保留的果实果大色艳，并能促进新梢生长，以利来年结果。

剪根的作用

剪根主要用于盆栽多年生草木花卉和木本花卉。盆栽花卉若长期不剪去部分老根，就会出现根系衰退现象，影响花卉苗壮生长，因此宜在换盆时将腐朽根、衰老根、枯死根剪除。同时，将过长的主根及侧根适当剪短，并适当疏剪卷根，促使其萌发更多的须根，则植株生长健壮。对一些因枝条徒长而影响开花结果的花木，可将一部分根剪断，以削弱吸收能力，抑制营养生长。

整形的方法

有些盆栽花卉如一品红、叶子花、梅花、碧桃、垂丝海棠、虎刺梅等，为不使其植株长得过大，保持株形矮化，常将各侧枝进行作弯整形。此外，也可将迎春花、一品红、叶子花等盘成兽头、阶梯等形态，以提高观赏效果。

第四章

盆栽花卉的养护常识

第一节 花盆

栽种花卉的容器通称为花盆或花钵，因制作花盆的原料、形状和使用的方法不同而分成许多类。现将各类花盆及其特点分别介绍如下。

陶盆

陶盆又称瓦盆，用黏土烧制而成，通常有灰色和红色两种。常因各地黏土的质量不同，烧出的陶盆有较大的差异。陶盆使用的历史最久，可以追溯到数千年以前，使用也最普及，几乎世界各地均用陶盆栽种花卉。陶盆价格低、耐用，与其他盆比较透气性好，有利于根系的生长发育。我国陶盆产量甚大，但各地规格不同，各有自己的一套惯用名称。现将北京地区陶盆的名称及尺寸介绍如下（表1）。

表1　北京地区陶盆名称及规格

名　称	内径（厘米）	高度（厘米）	名　称	内径（厘米）	高度（厘米）
八套鱼缸	70	38	二缸子	22	12
四套鱼缸	60	30	菊花缸	18	10
八套接口	70	38	头号桶子	15	10

名　称	内径（厘米）	高度（厘米）	名　称	内径（厘米）	高度（厘米）
四套接口	60	32	二号桶子	12	9
水　桶	48	28	播种浅（浅盆）	30	6
水桶浅	48	20	三号桶子	9	7
三道箍	40	25	牛　眼	6	5
坯子盆	30	15			

紫砂盆

又称宜兴盆，是陶盆的一种。多产于华东地区，以宜兴产的为代表，故名为宜兴盆。盆的透气性较普通陶盆稍差。但造型美观，形式多样，并多有刻花题字，作盆花栽培用，典雅大方，具有典型的东方容器特点，在国际上较受欢迎。作为一般生产用盆，价格太高。一些无底孔的盆可用作套盆，十分美观。

瓷盆

瓷盆的透气、透水性能差，不可直接用来栽种植物。但其外形美观大方，极适合陈列用。一般多用作套盆，即将陶盆栽种的植物套入瓷盆内。

塑料盆

塑料盆已在世界花卉生产中广泛应用，在我国花卉栽培中也已占到相当大的比例。目前，塑料盆的价格在我国仍比陶盆稍高。随着经济的发展，塑料盆将会逐步取代普通陶盆。

塑料盆质轻、造型美观、色彩鲜艳和规格齐全，因此在我国广大的花卉生产者、经营者和消费者中深受欢迎。它适合于花卉的大规模生产、运输和美化布置应用。塑料盆的规格一般是以盆直径的毫米数标出的，如230，即直径为230毫米。这样可以根据需要直接购买各种型号的盆种。由于塑料盆透气性较普通陶盆稍差，所使用的盆栽用土应当更疏松和透气。塑料盆的另一缺点是容易老化，使用久了，尤其在露天环境下，老化的盆就极易破碎，使用时需留意。

套盆

套盆不直接用于栽种植物，而是将盆栽花卉套装在里面。防止盆花浇水时多余的水弄湿地面或家具，也可把普通陶盆遮挡起来，使盆栽花卉更美观。由于上述功能，因此套盆必须是盆底无孔洞、不漏水、美观大方。

目前，国内大量使用的套盆由玻璃钢制成，重量较轻，表面光洁，外面多为洁白色，里面为黑色；上口向内反卷，呈圆形；造型美观、庄重、大方。常见的规格见表2。

表 2 常见套盆规格

型号	上口内径(毫米)	桶高(毫米)	型号	上口内径(毫米)	桶高(毫米)
0	240	180	5	520	370
1	280	240	6	520	500
2	340	270	7（小）	635	540
3	360	290	7	640	560
4	420	310	10	830	660

另外，还有用紫砂盆、瓷盆或不锈钢桶等作套盆的，这需根据使用的环境和造价来决定。盆托（或盆垫）是常用来代替套盆的用具，形状像盘子，多用塑料做成。直径从 10 余厘米至 30 多厘米不等。盆托多数与塑料盆配套应用，也可作为垫陶盆使用。

木桶

通常用来栽种大型的喜阴观叶植物。桶的直径在 50～60 厘米或更大，底部钻有排水孔数个。桶外侧装有拉手 2～4 个，便于搬动植物。用柏木制作的木桶耐腐朽，可使用 10 余年，而一般的松木桶只可使用 3 年左右。木桶外面涂绿色油漆，里面涂黑色的沥青，以达到防腐的目的。

第二节　盆栽用土和盆栽基质

　　盆栽花卉种类繁多，原产地不同、生态类型不同，各种花卉要求用的盆土是不同的。盆栽是一个特殊的小环境，因盆土容量有限，对水、肥等的缓冲能力较差，故盆栽用土要求较严。好的盆栽用土应当疏松、透水且通气性能比较好，同时也要有较强的保水、持肥能力，还要重量较轻，资源丰富。土壤疏松、透气好，有利于根系的生长发育和根际菌类的活动；排水好，不会因积水导致根系腐烂；保水好，持肥能力强，可保证经常有充足的水分和肥料供花卉生长发育的需要；重量轻，便于运输和管理。

腐叶土

　　由阔叶树的落叶堆积腐熟而成。在阔叶林下自然堆积的腐叶土也属这一类土壤，其中以山毛榉和各种栎树的落叶形成的腐叶土为好。秋季将森林、行道树和园林中的各种落叶收集起来，拌以少量的粪肥和水，堆积成高 1 米、宽 2.0~2.5 米、长数米的长方形堆。为防止风吹，可在表面盖一层园土。每年翻动 3 次左右，使堆内比较疏松透气，有利于好气性菌类活动。不可过于潮湿，否则透气不好，造成嫌气菌类发酵，养分散失严重，影响腐叶土质量。经 2~3 年的堆积，春季用粗筛筛去粗大未腐烂的枝叶，经蒸汽消毒后便可使用。筛出的粗大枝叶仍可继续堆积发酵，以后再用。

若离林区比较近，可以到阔叶树山林中靠近沟谷底部收集腐叶土。去掉表层尚未腐烂的落叶，挖取已经变成褐色、手抓成粉末状又比较松软的一层，通常只有 10~20 厘米厚。再下面的土质含沙石和土壤母质比较多，质量则不太好。

腐叶土含有大量的有机质，疏松、透气、透水性能好，保水持肥能力强，质轻，是优良的传统盆栽用土。适合于栽种多数常见的盆栽花卉。如秋海棠、仙客来、大岩桐、多种天南星科观叶植物、多种地生兰花以及多种观赏蕨类植物等。

堆肥土

又称腐殖土，农林园艺上的各种植物的残枝落叶，各种农作物秸秆，温室、苗圃和城乡各种容易腐烂的垃圾废物等都可作为原料。注意随时搜集，资源极为丰富。选避风及稍荫蔽、地势不太低、不被水冲刷的地方作为堆积地。随时收集随时堆积，长年不断。堆积成长条形的堆，高 1.5 米，宽 2.5 米，长度则看原料的多少而定。堆完 1 条再堆 1 条，便于腐熟和管理。堆积时要一层层地堆，不要压紧，可加少量废旧的培养土或沙质园土，如能添加部分牛、马粪和少量粪稀更好。通常每年堆 1 条，翌年再从头开始。堆积 3 年，每年翻动 2~3 次。翻动时将土移至堆后 1~2 米，重新堆起，把上面和两侧露在外面未腐烂的材料翻到中央。经过 3 年堆积，即可作为盆栽用土。使用前过筛，将未腐烂的残叶重新放到堆内去腐烂。过筛后的堆肥土需经蒸汽消毒，杀灭害虫、虫卵、有害菌类及杂草种子后即可应用。

堆肥土稍次于腐叶土，但仍是优良盆栽用土。目前，我国城乡堆制堆肥土的资源十分丰富。堆制也比较容易，在大量开发泥炭资源之前，利用农林园艺的废弃物堆制腐殖土，代替细沙土供盆栽用土是十分可行的。

泥炭土

又称草炭、黑土。通常分为两类，即高位泥炭和低位泥炭。

高位泥炭是由泥炭藓、羊胡子草等形成的。主要分布在高寒地区，我国东北及西南高原很多。高位泥炭含有大量的有机质，分解程度较差，氮和灰含量较低，酸度高，氢离子浓度为 316~1000 纳摩/升（pH 为 6.0~6.5）或更酸。

低位泥炭是由低洼处季节性积水或长年积水的地方生长的需要无机盐养分较多的植物，如薹草属、芦苇属和冲积下来的各种植物的残枝落叶多年积累形成的。我国西南、华中、华北及东北等地有大量分布。一般分解程度较高，酸度较低，灰分含量较高。低位泥炭常因产地不同而使品质有较大差异。北京郊区产的草炭土呈中性反应，氢离子浓度常为 100 纳摩/升（pH 为 7）左右。

目前，世界各园艺事业发达的国家，在花卉栽培中尤其在育苗和盆栽花卉中，多以泥炭土为主要盆栽基质。腐叶土、腐殖土等早已成为过去，在商品花卉生产中更是如此。据记载，我国泥炭资源极为丰富，目前只在个别地区有少量的开发和利用。若能开发利用于花卉、蔬菜生产或直接出口，实为一笔巨大的财富。

泥炭土含有大量的有机质，疏松、透气、透水性能好，保水持肥能力强，质地轻，无病虫害孢子和虫卵，是优良的盆栽花卉用土，在农林园艺生产上有广泛的前途。中国科学院植物研究所北京植物园已使用泥炭土栽培盆花 30 余年，效果十分理想。泥炭土在形成过程中，经长期淋溶，本身的肥力甚少。在配制培养土时可根据需要加进足够的磷、氮、钾和微量元素肥料。泥炭土在加肥后可以单独盆栽，也可以和珍珠岩、蛭石、河沙等配合使用。

沙和细沙土

沙通常是指建筑用的河沙。沙粒直径不应小于 0.1 毫米或大于 1 毫米，平均直径为 0.2~0.5 毫米，用作盆栽培养土的配制材料比较合适，但作为扦插床的扦插基质，颗粒直径为 1~2 毫米比较好用。

细沙土又称沙土、黄沙土、面沙等，是北方花农传统的盆栽花卉用土。北京近郊常以黄土岗产的最好。沙土排水较好，资源丰富，各地均可找到。在没有腐叶土、泥炭土时可以作为盆栽用土。但由于颗粒比较细，和腐殖土、泥炭土比较，细沙土透气、透水性能差，保水持肥能力甚微，质量又重，不是好的盆栽用土，不宜单独作为盆栽用土，在有条件的地区应逐步改用更好的培养土。

珍珠岩、蛭石和煤渣

珍珠岩、蛭石和煤渣均可作培养土添加物。它们可改善盆土的物理性能，使土壤更加疏松、透气、保水。

珍珠岩是粉碎的岩浆岩加热至 1000℃ 以上膨胀形成的，具有封闭的多孔性结构，质轻，通气好，无营养成分，在使用中容易浮在混合培养土的表面。

蛭石是硅酸盐材料，在 800~1100℃ 高温下膨胀而成。分不同型号，建材商店有售。配在培养土中使用容易破碎变致密，使通气和排水性能变差，最好不要用作长期盆栽植物的材料。用作扦插床基

质，应选颗粒较大的，使用时间不能超过1年。

煤渣作盆栽基质最好粉碎过筛，去掉1毫米以下的粉末和较大的渣块。最好是用2~5毫米的粒状物，和其他盆栽用土配合使用或单独使用。

泥炭藓和蕨根

泥炭藓是苔藓类植物，生长在高寒地区潮湿的地上。我国东北及西南高原林区有分布。泥炭藓的质地十分疏松，有极强的吸水能力，是花卉园艺上常用的栽培材料和包装材料，是观叶植物、凤梨科植物、兰科植物和食虫植物的最好盆栽基质之一，常与蕨根、蛇木屑、树皮块、火山灰等配合使用。

蕨根指的是紫萁的根，呈黑褐色，直径1毫米左右。耐腐朽，是栽培许多观叶植物，尤其是热带附生类喜阴花卉最常用的盆栽基质，常与苔藓配合使用，效果甚好。我国东北及西南地区资源十分丰富。另外，热带林区中的桫椤茎和根也属这类材料，常称为蛇木，将其破碎成块或木屑状用来栽植热带附生观叶植物，也是极理想的材料。它常常与苔藓类配合使用，既透气、排水良好，又有较强的保湿能力。由于我国热带雨林面积小，国家已把桫椤列为国家级保护植物种类，不能采伐。

树皮

主要是栎树皮、松树皮、龙眼树皮和其他较厚而硬的树皮，具有良好的物理性能，能够代替蕨根、苔藓和泥炭，作为附生植物的栽培基质。现在已被作为优良的盆栽基质，在世界各地广泛应用，作为森林开发的副产品加工成商品销售。破碎成0.2~2.0厘米的块后，按不同直径分筛成数种规格，小颗粒的可以与泥炭等混合，用来栽种一般盆花；大规格的用来栽植附生植物及各种观叶植物。

椰糠

椰糠是椰子果实加工后的废料。椰子果实外面包有一层很厚的纤维物质，将其加工成椰棕，可做成绳索等物。在加工椰棕的过程中，可产生大量粉状物，称为椰糠。其常常在加工厂周围堆积如山，难于处理。现在将椰糠配一定比例的河沙，可作为热带地区栽培盆花，尤其是观叶植物十分理想的基质。这是因为它颗粒较粗，又有较强的吸水能力，透气和排水比较好，保水和持肥能力也比较强。

在热带和亚热带地区，腐殖土甚少，解决盆栽基质比较困难，若能以椰糠、珍珠岩、沙、煤灰渣等配成盆栽用土则比较理想。据多次考察，海南省多年来盆栽花卉用土十分不合理，有不少地方使用城市垃圾作盆栽用土，而且没有经过消毒，这样极易传播病虫害，应尽量杜绝这种现象。最好能建立起以椰糠、火山灰等当地资源丰富的材料为主的盆栽基质生产线，向各地销售。

火山灰

火山灰是火山喷发而形成的质地比较疏松和多孔的岩石，在多火山地区资源甚为丰富。将火山灰破碎成直径2~10毫米的颗粒，分级存放。单独或与椰糠、苔藓、树皮块等配合使用，作为盆栽基质较好。颗粒状多孔的火山灰作盆栽用土，排水和透气性良好，保水性也较好。不同地区的火山灰，其质量也有较大的差异：红色的火山灰含硫量高，如单独使用，对植物根系的生长发育有一定的影响，但它含铁量较高，若能与泥炭土配合使用，可得到较好效果；黑色的火山灰，含硫量较低，用作盆栽对根系生长影响较小。

塘泥块和峨眉仙土

在广东地区用塘泥块栽种盆花已有悠久的历史，到现在仍大量使用。塘泥块是指鱼塘、水塘每年沉积在塘底的一层泥土，待塘干涸后将其成块挖出晒干，使用时将其破碎成直径0.3~1.5厘米的颗粒。较大颗粒的放在盆底部，最小的放在盆面。这种材料遇水不易破碎，排水和透气性比较好，也比较肥沃，适合华南多雨地区作盆栽用土；其缺点是比较重，一般使用2~3年后颗粒粉碎，土质变黏，变得不能透水，需更换新土。

峨眉仙土是近些年开发的一种盆栽用土，较适合于栽种兰花和其他根部要求透气性好的植物，是四川峨眉山地区地层中发现的一种类似泥炭土的土。这是千万年来植物的枯枝落叶堆积、分解和雨水淋溶形成的。不像普通泥炭土那样疏松。它分解程度比较高，采挖出来呈块状，加工成颗粒状。颗粒遇水不变散，腐殖质含量较高，呈微酸性，使用时破碎成直径0.3~1.5厘米的颗粒，粗粒放在盆下部，细粒放在盆上部。

第三节 抚育管理

上盆

新购进的无盆苗和扦插繁殖的幼苗，首先是上盆，上盆需选用与植物大小相适宜的花盆。对盆栽花卉不熟悉的人总喜欢用大盆栽种较小的植物，这种做法实际是错误的。小株植物根系相对较小，水分的吸收和消耗也少，盆大土量多，浇一次水很久不能变干，往往容易造成根系腐烂。附生植物应选用盆底多孔或孔比较大的盆。

盆底排水孔上最好先盖上一片尼龙网或铜纱，用以防止害虫或蚯蚓从盆底钻进去，危害根部。然后在排水孔上盖上碎盆片，再添加粗颗粒的培养土至盆深的1/4左右。将准备盆栽的植株放在盆中央，再加培养土至盆沿下1~2厘米处，并用手指沿盆边稍压紧，留出的盆沿至土面的部分（北京地区称为沿口）是浇水时装水用的，不可太深或太浅，以装的水能够湿透盆土为好。盆栽时注意使植株的根系均匀分布在土壤中，不要团在一起，如果是带土坨的植株，盆栽时应将旧土稍稍去掉一些，尤其土坨上部的旧土应稍多去掉一些。盆栽完成后，先将其放在温暖半阴处。第一次浇水一定要浇透，一般要浇2次，见到盆底排水孔有水流出为好。待2~3周，植株恢复生长后再和其他植物放在一起管理。新盆栽的土壤保水力强，不可连续、盲目地浇水。应在盆土表面 2 厘米左右已变干，下部微潮时再浇水，否则很容易烂根。

换盆

一般盆栽植物栽植后 2~3 年小苗长大，这时要换成大 1~2 号的盆。换盆以逐渐增大为好，不可图省事将小苗换到很大的盆里。成株的室内观叶植物换盆时间不受季节限制，但通常在春季植物开始旺盛生长之前进行。小苗根据植株生长的情况，随时都可以换盆。

换盆时先将植株的土坨从原盆倒出。其做法是先用一手托住盆面，将盆倒置过来，用另一手轻轻叩击盆的四周，使盆土与盆脱开，再抓住盆底孔，将盆提起使植株脱出。将土坨的旧土去掉一部分，但不宜伤根太多。土坨上部的土应多去掉一些，尤其有些大桶栽植的木本植物，土坨表面滋生许多平时难以拔干净的多年生宿根杂草（如酢浆草），这时可以彻底清除掉。另外，许多观叶植物常常结合换盆进行分株繁殖，分株的方法详见繁殖一章。

清理好的植株可以栽植在较原盆大一号的盆中。陶质新盆要浸水，旧盆要经过清洗方可使用。上盆时盆底部排水孔上先垫以碎盆片，再添加相当于盆深 1/5~1/4 的粗颗粒培养土和少量块状的固体基肥，如马蹄片、麻渣等，再将清理好的植株放在盆中央，四周填新的培养土；边填土边用手或木棒压实，直至盆沿下数厘米，留出沿口。在更换大盆或木桶时，往往土坨和木桶之间培养土填得不够充实，造成以后浇水困难，严重漏水，因此必须再次加土并用木棒捣实。

巨大木桶栽植的植物，如大型棕榈科植物、橡皮树、苏铁等，由于重量过大，操作十分困难。可以先用三脚架将植株吊起，再去掉旧木桶，清理土坨，最后栽种在新木桶中。这样可以省力，也不会碰伤植株的叶片。

支架与绑扎

许多观叶植物在栽培欣赏的过程中需要支架，并要绑扎和造型。支架不仅可以支持茎干，起到整形的作用，还可以使枝叶较匀称地分布，改善枝条的通风与透光条件，有利于植株的生长。由于植物种类和人们要求的不同，支架的形式也多种多样。

大型立柱

具有气生根的大、中型盆栽攀援植物的整形，通常需要在盆的中央树一大型立柱，供扎根、生长和攀援。用作立柱的材料有许多种，可就地取材制作。在热带地区常用树蕨茎干，它疏松透气、排水保湿而且耐腐朽，有利于气生根的吸附，是一种甚为理想的立柱材料。但我国热带雨林面积较小，树蕨（桫椤）是国家保护植物，不能采伐、破坏。

目前，广东地区使用最多的是在直径 5~7 厘米、长 80~150 厘米的竹竿外面捆绑上一层较厚的棕皮。稍讲究一点的是在竹竿或塑料管外面包一层苔藓，外面再用塑料遮阴网包好捆紧，看起来与树蕨茎相似，也有一定的保湿能力，适于气生根的吸附攀援。另外，还有用较细的钢丝网卷成筒状，直径 6~7 厘米，筒内用苔藓填充。

这种立柱使用效果甚好，适于气生根的攀援，保湿透气均好。用塑料管和钢丝网制作的立柱比较耐久，材料也比较容易得到。

为了使立柱与花盆固定在一起，通常在立柱靠近底部3厘米左右处，穿1条8号铁丝，铁丝两边沿立柱向下弯曲穿过盆底排水孔，弯向两侧，使立柱和花盆连接在一起。

目前，广东地区大量生产的绿萝、红宝石喜树蕉等盆栽观叶植物，只是将竹质的立柱插在盆土中，没有做到与盆固定在一起。所以在长途运输或搬动的过程中，立柱很容易倒伏，造成植株较大的损伤。

用这种大型支柱制作图腾柱的植物有绿萝、心叶绿萝、黄金葛、多种藤本喜林芋（如红宝石喜林芋、绿宝石喜林芋、紫公主、琴叶喜林芋、蓝宝石喜林芋等）、白蝴蝶、花叶鸭脚木等。通常用直径25~35厘米的花盆，中间树立一根包好苔藓或棕皮的立柱，沿立柱周围栽种3株高30~50厘米的健壮种苗。3株种苗的高度和生长势应当相似，不宜相差太大。将种苗的茎捆绑在立柱上，必须使植株的顶尖向上。为促其快速生长，尽快形成商品苗，需给予充足的肥料、30℃以上的高温、80%~100%空气湿度和半阴的环境。以绿萝为例，在广州大约3个月可以长成高80~100厘米的半成品苗，是最好的向北方销售的品种。在苗木的快速生长期间应随时注意植物的捆扎，使其顶端永远直立向上。这些植物的顶端优势十分明显，只有顶端向上，其叶片才能越长越大。如果顶端下垂，则叶片会逐渐变小。

假附生树

根据温室或房间的大小，选择带有少数分枝的树干栽植在大花盆或温室中。假树最好能保留原来的树皮，并在树干表面再绑扎一层苔藓。特大型的展览温室也有钢筋混凝土塑造的假树。为了持久，捆绑苔藓和观叶植物时，最好用尼龙丝或细铜丝，因为铁丝或普通绳索容易腐烂。适于附生树上栽种的植物是多种多样的，但主要是喜阴的附生观叶植物。常用的有鸟巢蕨、鹿角蕨、崖姜、石苇、铁线蕨、书带蕨、水塔花、姬凤梨、光萼荷、果子蔓、铁兰、鸟巢凤梨、球兰、瓜子金、石斛、蝴蝶兰、金蝶兰、大花蕙兰、常春藤、白蝴蝶、小的天南星科附生植物等。这种栽培方式既满足了附生植物对栽培条件的要求，也可形成一种热带雨林特有的多种植物附生在同一棵树上的景观，别具一番情趣。在家庭室内可制作小型的附生树，放在客厅或阳台上；在植物园或公园的大型展览温室中，可建造高数米、多分权的大附生树，也可同时在一棵树上栽种数十种美丽的附生观叶或赏花植物。

栽种在附生树上的植物管理，同盆栽的相似。要求更高的空气湿度，浇水和施肥的方式不同于盆栽，通常采用喷雾方式。大约1年进行1次彻底的整理，根系已经固定在附生树上的植物，不必再移动；根系生长不良或没有固定在树干上的种类，可在早春清理掉已腐朽的栽培基质，再在根部覆盖少量苔藓，用尼龙丝重新捆绑好。管理应在大部分种类进入旺盛生长之前进行。

除上述大型支架，许多小型的攀援植物、茎比较细弱的植物和开花植物中花茎不够坚挺者，均需要给以支撑。通常用细竹竿或用包有彩色塑料皮的8号铁丝做成各种形状的支架，如圆形、方格形或直条形等，底脚插在盆土中。再将植物的茎秆捆绑在支架上。捆绑的方法也比较讲究，通常采用宽松的8字形结扎法。如果捆扎得太紧，未留植物生长的余地，随着植物的生长，会形成自缢环，使绳结以上部分茎干枯死。发现这种情况后，应及时将捆绑物剪开，重新捆扎。

修剪

室内观叶植物和露地种植的各种果树、月季或盆景不同，通常不需要修剪。只有偶然生长得过大或不匀称时，为了调整其株形才进行必要的修剪整形。

摘心

通过扦插或播种繁殖的小苗大多采用摘心的方法促使其多分枝和多花头，形成优美的株形。此法在观叶植物中应用比较普遍。摘心也叫打尖，是将植株顶端细小的生长点部分去掉。破坏其枝条或植株的顶端优势，促使其下部 2 个或更多个隐芽萌发成新的枝条。为了收到较好的效果，有时可连续摘心 2～3 次，使一个顶尖能萌发出 6～8 个分枝，摘心通常用于草本或小灌木状的观赏植物。另外，可以通过摘心抑制植物的过快生长，促进枝条生长得充实，使花和果实更大。

疏剪

生长过于旺盛的植株，往往枝叶过密，应适时地疏剪植株内的枝条或摘除过密的叶片，以改善其通风透光的条件，使其生长得更健壮，花和果实的颜色更艳丽。有些盆栽花卉往往花蕾形成过多，如茶花。为了开好花，必须适当地剥蕾，每一小枝留 1～2 朵花就可以了，多余的花蕾全部用手掰掉。疏花尽量早些进行，以免消耗养分过多，在能够区分出花芽和叶芽以后便可以进行。一般情况下，长势比较弱的植株，形成花蕾多，如果任其全部开放，植株养分就消耗过多，进而影响其以后的生长。

另外，室内栽培的观叶植物，还应当经常将植株上的枯黄叶片、枝条及时摘除和剪掉，以保持清洁。

抹头

许多观叶植物栽种数年后，植株过于高大。有些在室内栽培有一定困难，或下部叶片脱落，株形较差，降低观赏价值，这时便需要彻底更新，进行重修剪或抹头，如大型乔木状植物橡皮树、大灌木状的千年木、鹅掌柴和大型草本植物大王黛粉叶等，生长到一定程度时均需重修剪。通常的做法是在春季新梢萌发之前抹头，将植株上部全部剪掉。留主干的高低视不同种类而定，抹头后的植株根部亦需相应调整，清理掉腐朽的老根和旧土，用新培养的土重新栽植，待其重新萌发、生长成新的植株。剪下的枝条可用作扦插繁殖。

另外，在室内观赏植物中，有许多花叶品种是绿叶植株芽变形成的。在这些品种的栽培中常常出现返祖现象，在花叶植株中萌生出完全绿色的枝条。由于全绿色枝条生长的速度远远超过花叶枝条，如果不及时将绿色枝条剪掉，花叶部分很快就会全部被绿色枝叶覆盖，失去原来花叶品种的特点。因此，在花叶品种观叶植物（如花叶薜荔、花叶扶桑）的栽培中，应经常注意随时剪掉植株上萌生出的全绿色枝条，以保证花叶观叶植物的正常生长和良好的观赏价值。

第四节 肥料与合理施肥

盆栽花卉的营养主要来源于人工施肥，施肥的合理与否直接影响着花卉的生长发育，并且密切关系着花卉的产量和质量。如果能做到根据植物生长发育不同阶段的需要，科学施肥，既可节省肥料的费用，又可使花卉生长正常，按时开花结果。故在花卉栽培中尚需对经常施用肥料的特性和所栽种花卉不同生长时期对肥料中氮、磷、钾含量的比例要求，应有大概了解。

植物生长发育需要的元素种类比较多，有氮、磷、钾、钙、铁、硫、镁、硼、锰、铜、锌、钴、碳、氢、氧等。其中，碳、氢和氧三元素可以从水和空气中得到，其他元素则大多从培养土中吸收。氮、磷和钾称为三要素，花卉需要量大，一般培养土中的含量不能满足植物生长的需要，所以要通过施肥来补充。钙、镁、硫为中量元素。其他元素植物的需要量比较少，常称微量元素，多数情况下培养土中能供给，若发现不足时，亦应施用微量元素肥料。

肥料的种类

农家肥料

常用的有人粪尿、畜禽粪、各种饼肥，以及家畜和家禽蹄角、骨粉等，常因肥料种类和来源不同，其有效成分含量有较大差异。但多数为完全肥料，通常都含有植物需要的多种营养元素和丰富的有机质。农家肥需经过发酵分解后才能促进植物吸收利用，故见效比较慢，但肥效稳而长。多施用有机肥有利于土壤的改良，使土壤疏松，防止板结，有利于根系的生长和根际菌类的活动。

1. 人粪尿

人粪尿是目前我国盆栽花卉施用量比较大、含氮较高的完全肥料。含氮 0.5%~0.8%、磷酸 0.2%~0.4%、氧化钾 0.2%~0.3%。有机质含量比较少，5%~10%，易分解、肥效快，通常作追肥或速效肥施用。它易挥发、流失，常带有病菌，不卫生，不宜直接施用，最好经发酵腐熟并灭菌处理后再施用，否则易传染疾病。

2. 畜禽粪

经过腐熟后，常用作盆栽花卉培养土的基肥。这一类肥料有机质含量比较高，有利于土壤的改良。禽粪氮、磷、钾元素含量较高，畜粪含量较低，施用中注意区别对待。

3. 各种饼粕

氮、磷、钾和微量元素含量丰富，但均呈有机状态存在。需经发酵腐熟分解为无机态才能被植物吸收利用。饼肥发酵时产生大量的有机酸并发热，对植物的根和幼苗有害。故未经发酵的饼肥不能直接施入培养土中，更不能直接施入盆中。发酵好的饼肥可以掺在培养土中作基肥，也可加水发酵后，取其发酵液加水后作追肥施用。几种常用饼肥氮、磷、钾含量如表3：

表3　常用饼肥氮、磷、钾含量

饼　肥	氮（N）%	磷（P_2O_5）%	钾（K_2O）%
豆　饼	7.0	1.12	2.13
茶籽饼	4.6	2.48	1.40
棉籽饼	3.41	1.63	0.97
花生饼	6.32	1.17	1.34
芝麻饼	5.80	3.00	1.30
蓖麻饼	5.00	2.00	1.90
菜籽饼	4.98	2.06	1.90

化肥

通常每种化肥只含有一种或两种肥料成分。化肥养分含量较高，浓度大，肥效快，而且清洁卫生，施用方便，但是长期单纯施用化肥，容易造成盆土板结，所以与农家肥混合施用效果比较好。

氮肥 常用的氮肥硫酸铵含氮量为 20%～21%；硝酸铵含氮量为 32%～35%；碳酸氢铵含氮量 17%～18%；尿素含氮量 46%。上述氮肥均为速效性肥料。

磷肥 过磷酸钙含五氧化二磷 12%～20%；钙镁磷肥含五氧化二磷 14%～20%，肥效比较慢，通常用作基肥添加在培养土中施用。磷酸铵含五氧化二磷 56%～60%；磷酸二氢钾含五氧化二磷 22.8%。后两种为高浓度、速效性肥料，可作追肥施用。

钾肥 硫酸钾含氧化钾 52.8%；氯化钾含氧化钾 50%～60%。另外，还有硝酸钾等，均为速效性肥料，可作追肥施用。

这些化肥的肥效非常高，施用的浓度一定要严格控制，如浓度太大，容易发生肥害。在化肥的施用中，应多种化肥配合施用，不可单施某一种，并根据植物生长发育的需要，随时调整氮、磷、钾三要素的比例。

目前，我国市场上有多种花肥销售，大多数为复合化肥。其氮、磷、钾及微量元素含量比较全面，并有不同型号。其中有适合旺盛生长的，有适合开花结果的，也有只适合观叶植物以及某一花品种专门需要的。在施用前必须认真阅读使用说明书，然后按比例加水稀释后施用。

在国际花卉市场上已有几十年历史的"花宝（Hyponex）"，十分适合家庭花卉的施用，效果也比较好。"花宝"常见有五种型号，即 1～5 号，每种型号均有其适用的植物范围。各种型号常用不同颜色的包装，并有详细说明。

施肥

合理施肥

科学的办法是根据花卉生长的需要和培养土中肥料的缺乏种类，来决定施用何种肥料和施用量。要做到这一步，必须能及时地对花卉的养分含量和培养土中各种肥料的含量进行定量分析。目前，我国花卉栽培尚难于把工作做得这样细，主要凭经验，通过观察花卉的生长状况决定施肥。一般情况下，旺盛生长期需要大量的氮肥，磷、钾肥次之；开花结果和越冬前需磷、钾肥较多。

室内观赏植物中有一大类属于花叶类型的变异，其叶片上有白色或浅黄色的条纹或斑块。这些花叶品种对氮肥十分敏感，在氮肥比较少的情况下，叶片上的白色或黄斑纹艳丽可爱，对比鲜明，能充分表现出品种的特性。然而，长时期缺乏氮肥必然使植株生长势头减弱。如果施用氮肥过量，或完全同一般盆栽花卉施肥，植株虽然生长较强健，但是叶片上的白色或黄色斑纹往往变成淡绿色，降低了观叶植物的观赏价值。所以在这类观叶植物的栽培中，所施用的肥料通常氮肥所占比例比较低。在旺盛生长时期和幼苗期，氮、磷、钾的比例大约为 $10:7:5$；成苗观赏时期可把氮肥的比例再降低些。施用农家肥时，应尽量避免施用人粪尿、鸡粪、豆饼等氮含量高的肥料，可以少量施用麻渣、马蹄片等含氮较少的肥料。

注意各种肥料的正确配合施用，以避免肥分的损失，充分发挥各种肥效。硫酸铵、氯化铵、尿素、硝酸铵、过磷酸钙、磷矿粉、硫酸钾、氯化钾和人粪尿等，可以互相配合使用，只是磷矿粉与过磷酸钙混合后，氯化铵、硫酸铵、硝酸铵与人粪尿混合后，需立即施用，不可久存。草木灰只能与磷矿粉、硫酸钾、氯化钾配合使用。

施肥的方法

基肥 将已腐熟的禽畜粪和过磷酸钙、骨粉等在培养土配制时施入，并充分混合。目的在于提高土壤的肥力，供给植物长时期需要。

另外，北方习惯在盆花上盆或换盆时，在盆底部施用一部分基肥。即将发酵过的豆饼、粪干和未发酵的蹄角片等置于盆的底部或盆下部的周围，但切忌使植株根部直接接触肥料。

追肥 盆栽花卉由于培养土不多，营养面积小，肥料有限，在花卉各个生长发育阶段，光靠基肥往往不能满足需要，必须及时补充肥料，即追肥。追肥常施用速效性肥料，如各种化肥和已发酵好的各种液体农家肥。化肥和各种液肥可随浇水施入盆中。已发酵的粪干和饼肥干粉可撒施于盆土表面，待松土时肥料可以与盆土混合，灌水后肥料可被植物根吸收。追施液体肥料，每周 1~2 次；生长季节可连续数月施用。施用化肥必须严格注意肥料的浓度，一般应控制在 0.1%~0.3%，不可太浓，否则植物易受害。天气转凉后，植物进入休眠期，应减少或停止施肥。

根外追肥，用喷雾器将稀薄的化肥（浓度 0.1%~0.3%）或微量元素肥料溶液直接喷洒在花卉的叶面上，使肥料通过叶片被吸收，即根外追肥。这种方法可及时补充植物根部养分。在植物旺盛生长期和缺乏微量元素时，常用此法追肥。

第五章

花卉的
无土栽培

　　无土栽培是近几年发展起来的一种实用的高新栽培技术。人们把花卉生长所必需的各种元素配成溶液即营养液，用营养液而不用泥土栽培花卉的技术就叫无土栽培。其用无毒无味、无灰尘、重量轻、能代替土壤物理性质的物质作栽培基质。无土栽培较土壤栽培更安全、卫生，无污染，可有效地防止病虫害的发生，并及时供给植物所需要的各种营养元素，有利于提高花卉质量，而且生长快，花期长，花色艳丽，病虫害少，可大大提高观赏效果；同时，生长条件容易控制，不受水土限制，到处可种，且占地面积小，省时省工，经济效益高。无土栽培能否成功，关键在于基质的选择和营养液的使用。

第一节　栽培基质

　　基质是用来代替土壤固定植株的物质，应安全、卫生，不发生化学反应，不污染环境；要轻便美观，便于摆放和搬运；要有足够的强度，以支撑植株；要有适当的结构，以保持良好的根系环境。它既需具有一定的保水保肥能力，又要通气透水性能好，还要具有一定的化学缓冲能力，保持良好的水、气、养分的比例，使根系处于最佳环境状态，最终使花卉生长旺盛，枝繁叶茂，以提高观赏价值。

　　不同的花卉要求不同的根系环境，不同的基质所能提供的水、气、养分比例不同。因此，要根据花卉根系的生理需要，选择合适的基质。用于花卉无土栽培的基质很多，常根据基质的形态、成分、来源等划分其不同的类型。

无机基质

陶粒

陶粒是在约 800℃温度下烧制而成的，其团粒大小比较均匀的页岩物质，有粉红色或赤色。陶粒内部结构松，孔隙多，类似蜂窝状，且质量轻，能浮于水面；保水、排水、透气性能良好，保肥能力适中，化学性质稳定，安全卫生，是一种良好的基质。但由于其团粒间的孔隙大，根系容易风干，不宜种植根系纤细的花卉，可种植具有肉质根或鳞茎类的花卉。

沙

沙是无土栽培中常用的基质，含水量恒定，不保水保肥，但透气性好，并可提供一定量的钾肥，取材方便，安全卫生，但较重。

蛭石

蛭石为水合镁铝硅酸盐，是由云母类无机物加热至 800～1000℃时形成的。它孔隙度大，质量轻，适合多种花卉的栽培；吸水、保水、保肥能力强，透气好，安全卫生，还可提供一定的钾、钙、镁等营养物质。但不宜长期使用，因为其结构易破碎，破碎后孔隙度减小，排水透气能力降低。

珍珠岩

珍珠岩是由硅质火山岩粉碎加热至约 1000℃时膨胀形成的，具有密闭的泡状结构，白色，质量很轻。其特点是透气性好，含水量适中，化学性质稳定，氢离子浓度较高，特别适合栽培喜酸性、具有纤细根系的南方花卉。

岩棉

岩棉是一种纤维状的矿物质。其孔隙大，吸水力强，水、气比例适宜多种花卉生长的需要，且价格低廉，使用方便，安全卫生。因此，其是目前用量最多的一种基质，特别适宜种植不需经常更换基质的多年生常绿树种，如五针松、罗汉松等。但岩棉不分解，使用后的处理不易解决。

炉渣

炉渣取材方便，排水透气，并含多种微量元素，是一种非常廉价的基质，较适合栽培偏酸性、具有肉质根的花卉，如鹤望兰。炉渣与泥炭混合可栽培君子兰。

有机基质

泥炭

泥炭是泥炭藓、苔类和其他水生植物的分解残留体，是无土栽培常用的基质。它吸水、吸肥、透气，呈强酸性，常与珍珠岩、蛭石、沙等混合使用，适宜各种喜酸花卉的栽培。

锯末、树皮、稻壳、松针、刨花

这类基质均可提供良好的水气条件，可作为无土栽培基质。松针尤其适合西洋杜鹃、君子兰的栽培。

尿醛（海绵）、酚醛泡沫（泡沫塑料）

这类基质为人工合成的有机物质，尿醛吸水保肥力很强，花卉的根系可以在其蜂窝状的网眼里扎根生长，质量轻，易于搬运。酚醛泡沫不吸水，但排水性能好，可用作栽培床下层的排水材料。

复合基质

为增加基质的孔隙度，改善基质的通透性，提高基质的保水保肥能力，常将 2~3 种不同的基质混合配制成复合基质，以达到水、气最佳比例，如泥炭、蛭石、珍珠岩按 2：1：1 的比例混合，可提高含水量，用作观叶花卉的栽培；泥炭与珍珠岩按 1：2 的比例混合，可用作根系纤细的花卉的栽培；泥炭与炉渣按 1：1 的比例混合，可用作巴西木的栽培；泥炭与陶粒按 1：1 的比例混合，适于发财树的栽培。

基质的选择应遵循三个原则，即根系的适应性，要满足根系生长发育的需要；实用性，即质量轻，性能良好，安全卫生；经济性，即能就地取材，变废为宝。

第二节　营养液

无土栽培基质一般都不含营养，必须定期浇灌营养液，为花卉提供营养。因此，营养液是无土栽培的核心，应具备供给花卉正常生长发育所需要的各种元素，且这些元素应是易被花卉吸收的状态。营养液内各种元素的种类和浓度因花卉的种类、生长时期而有所不同，在各种情况下，应及时调节营养液中部分元素的含量。营养液的 pH 应适应某种花卉的需要。可用 0.1 摩尔/升盐酸或氢氧化钠溶液加以调整，且每周测定 1 次。

常用营养液配方

目前，世界上有很多营养配方，既有通用的，也有专用的，其中以美国植物营养学家霍格兰（Hoagland）的配方最为有名，使用也最为广泛。以下列举部分配方供参考（表4，表5，表6，表7）。

表4　营养液大量元素配方（一）（克/升）

化合物名称	霍格兰和施奈德	霍格兰和阿农	日本园试配方
硝酸钙	0.59	0.47	0.47
硝酸钾	0.25	0.31	0.41
磷酸二氢钾		0.68	
磷酸二氢铵		0.06	0.08
七水硫酸镁	0.35	0.25	0.25

表5　营养液大量元素配方（二）（克/升）

肥料种类	尿　素	磷酸二氢钾	过磷酸钙	硫酸镁
用量	0.5	1.0	1.0	1.0

表6　营养液微量元素配方（通用）（毫克/升）

化合物	用量
螯合铁	0.30
硫酸亚铁	0.30
三氯化铁	0.30
硼酸	0.05
氯化锰	0.05
硫酸锰	0.05
硫酸锌	0.005
硫酸铜	0.002

　　注：螯合铁（Fe-EDTA）的配制方法是，将硫酸亚铁5.7克溶于200毫升水中；将乙二胺四乙酸二钠盐7.45克溶于200毫升水中，并加热，趁热将硫酸亚铁溶液倒入其中并不断搅拌，冷却后定容到1000毫升。

表7 某些花卉的专用营养液大量元素配方（克/升）

化合物	菊花	香石竹	唐菖蒲	月季	金鱼草	观叶花卉
七水硫酸镁	0.78	0.54	0.55	0.64	0.53	0.25
硫酸铵	0.23	0.19	0.16	0.23		
四水硝酸钙	1.68	1.79		1.21	0.50	
硝酸铵						0.04
硝酸钾				1.12	0.20	
硝酸钠			0.62		0.41	
硫酸钾	0.62					
硫酸钙			0.25	0.32		0.09
氯化钾			0.62			
磷酸一钾	0.51	0.62				
磷酸一钙			10.47	0.46	0.87	
磷酸二氢钾						0.4

为了减少贮存营养液容器的体积并减少工作量，一般都先配制成母液，放在阴凉处保存。其中大量元素配制成50倍的母液，微量元素配制成1000倍的母液，两种母液分别贮放，不可混合，以免引起沉淀。在使用时，根据用量取一定的母液稀释到水中，即可浇施。

无土栽培方法

把小苗从苗床中起出洗根后，栽植到盛放基质的花盆中，栽后1周内只浇水不浇营养液，缓苗后每周浇施1次营养液，一般20厘米口径的花盆施用200毫升左右，平时只浇清水。无土栽培除用上述基质栽培，也可用水培。水培容器可用玻璃罐头瓶，瓶的四周应围上黑色塑料薄膜或涂以黑漆遮光，以利于根系生长并可避免藻类滋生。用泡沫塑料板做瓶盖，中间开一孔，将植株插入。瓶内灌注营养液，营养液不能太满，应留有空间，供给根系氧气，根部要浸入

营养液中。

换液

小苗可视情况每 1~2 周换 1 次营养液，成株花卉在夏季生长旺盛时宜每周换 1 次营养液，在非生长旺季可 2 周换 1 次营养液。换液时，将旧液倒掉换上新液即可。

换气

初栽时，每日早晚将瓶盖打开片刻，让根系完全暴露在空气中，这样可增强根系对氧气的吸收，防止根系腐烂。经过一段适应期后，可连续 1 个多月不换气。

补水

成株花卉在生长旺季消耗水分较多，因此要经常给瓶内补充水分，以防止营养液变浓甚至干涸，致使花卉死亡。

第六章

花卉的繁殖方法

花卉的繁殖分为有性繁殖和无性繁殖两大类。用种子进行繁殖的是有性繁殖，又名种子繁殖。无性繁殖是指用母体的一部分营养器官作为繁殖材料，进行分生、扦插、压条、嫁接等，使之形成一个新的个体，所以又叫营养繁殖。下面介绍一下花卉目前常见的几种繁殖方法。

第一节　播种法

指用种子进行繁殖的方法，优点是繁殖数量大，根系完整，生命力强，方法简便易行，是大量生产常见花卉的一种常用方法。例如，非洲紫罗兰、瓜叶菊、大岩桐、天门冬、文竹、彩叶草、袖珍椰子等均可采用此法繁殖。

● 种子的选择与处理　◀◀◀

播种之前要进行选种。选取优良种子是培育优良的花卉幼苗，使其繁殖成功的重要保证，所以要精选饱满、成熟、无病虫害、品种纯正的种子。播前要分别对选出的种子进行以下处理：容易发芽的种子，在冷水或温水（35~40℃）中浸泡12~24小时后捞出，然后覆盖上湿纱布，待其发芽后再行播种；种皮相对坚硬、不容易吸水、不易发芽的种子，可以对其进行挫伤处理（即用锉或刀将种皮挫伤或刻伤，或用沙砾磨破种皮），以利于其吸水发芽。

播种与播后管理

室内的花卉一般都是盆播。播种期一般不受时间的限制，都是随需要而定，但也有部分花卉有最佳播种时间，如荷包花、瓜叶菊等以秋播为宜。花卉大量育苗时可以用育苗箱或浅盆，播种基质采用蛭石或 1/3 细沙加 2/3 腐殖土比较好。播种时要先在箱内或浅盆底部铺一层厚约 3 厘米的炉灰渣或碎瓦片，以利于透气、排水；之后铺一层粗沙在上面，再把消过毒的基质填入；完成后用木板把土面刮平，进行适度镇压，以待播种。如果播的种子是极细小的，如秋海棠、大岩桐、荷包花等，为了防止播种时种子的重叠，可把种子拌入 2~3 倍细土后再播下，覆土以不见种子的深度为好。正常情况下，用撒播法播一般种子，就是将种子均匀地撒播在基质上，覆土厚度大约是种子直径的 2 倍；用点播法来播颗粒比较大的种子，通常一个穴播入 2 粒，覆土要稍微厚些。不管用怎样的播种方式，播种以后都要用手或小木板把土面整平，并轻压一下，让种子与基质密切结合。

上述步骤做好后，再用细孔喷壶把基质喷透。最后在育苗箱或盆上盖一层玻璃或透明塑料薄膜用以保温、保湿，以利于发芽。种子开始发芽时，要及时除去覆盖物，并逐渐增加光照时间。如果较长时间不去掉覆盖物，则幼苗徒长，生长柔弱，影响日后生长。

播种后管理的中心一环是浇水要均匀、适量。如果浇水过多或过少，基质忽干忽湿，都不利于种子出苗。要使水分供应合理，出苗前后的浇水量是不同的。出苗前要适当多浇些水，以更好地保持基质湿润，从而有利于种子吸水发芽；出苗以后要逐渐减少水分，促使其根系往深处生长，幼苗才能生长健壮。通常情况下，幼苗长出真叶时，应对其过密处进行剪苗，幼苗长出 3~4 片真叶时可以进行分栽。

种子发芽需要的环境条件

种子是植物的一种休眠状态，萌动发芽则是它进入生长发育的重要起点，只有满足了种子所需的温度、水分、空气、光照等条件，才能解除其休眠状态。

温度

各种花卉的种子发芽对温度的要求都不同。一般花卉种子发芽，需要 16~22℃ 比较稳定的土温。不耐寒的花卉种子就需要稍微高一点的温度，此类种子发芽最低温度为 20℃，最适温度为 27℃ 左右。若温度超过 35℃ 以上，发芽就会受到严重影响。

水分

种子只有吸收了大量的水分才能发芽。花卉种类不同，种子发芽所需要的水分也会不同。通常情况下，种子发芽所需要的水分是土壤饱和含水量的 60% 左右（约为花卉正常生长时土壤含水量的 3 倍）。如果水分过多，则土壤通气不良，种子会因呼吸受阻而引起腐烂；若水分不足则又容易引起发芽迟缓甚至不能发芽的情况，所以水分供应需要适量。

空气

种子发芽还需要有充足的氧气，所以播种的苗床（盆）不宜灌水太多，播种后覆土不能过厚，播种土壤要疏松，保持良好的通气。

光照

正常情况下，播种以后要进行适当遮光，还因为大多数的花卉种子在发芽前都不需要光照。但也有少数花卉，如凤仙花、四季樱草、半枝莲、大岩桐、彩叶草、秋海棠等种子发芽时需要充足的光照，播后不宜遮光。

第二节 分生繁殖

分生繁殖是属于无性繁殖即营养繁殖的一种繁殖方式，优点是生长快而且容易保持品种的优良特性。根据花卉的种类不同，分生繁殖又可分为分株法和分球法。前者多用于丛生性强的花灌木和萌蘖力强的宿根花卉，后者则主要用于球根类花卉。

分株法

分株法通常用于繁殖宿根花卉。此法操作简便，成活率高，成苗快。

观赏凤梨、火鹤花、君子兰、花烛、中国兰花、花叶芋、白鹤芋、芦荟、白网纹草、椒草类、蕨类等都可以使用这种繁殖方法。分株一般选在春季与换盆一同进行。分株的方法为：易产生萌蘖的花卉，直接用小刀挖掘带根的萌蘖苗另行栽植即可；丛生型的花卉，可用手或刀分成2~3丛，每丛需要完整的根系，然后分别栽植。

分球法

大部分球根花卉的地下部分再生能力都很强，每年会生出一些新的小球，用其繁殖比播种繁殖方法更简便，且能较早开花。将新产生的鳞茎（郁金香、百合等）、球茎（唐菖蒲、小苍兰等）、块茎

（仙客来、马蹄莲等）、根茎（美人蕉、荷花等）、块根（大丽花）等，自然分离后另行栽植，就会长成独立的新植株。不同种类花卉的分球时间也不同，通常选在春秋两季植株休眠期进行。

第三节 扦插法

扦插法是从母株上剪取枝、叶、芽等营养体的一部分插到土里或浸入水里，在适宜的环境条件下促使其生根、发芽，从而形成一个独立完整的新植株。根据扦插使用的部位不同，将其分为芽插、叶插、枝插、根插等。扦插法也是目前盆栽花卉广泛应用的一种方法。

枝插法

枝插分为嫩枝扦插（图6-1）、硬枝扦插和单芽扦插等。洋常春藤、绿萝、龟背竹、冷水花、朱蕉、龙血树、变叶木等多用此法繁殖。扦插的操作方法是：选取2~3节健壮枝条，在其节下约5毫米的地方剪下，摘去下面的叶片插进基质中；或选取新梢2~3节，带着顶部2~3个小叶片作插穗，剪后立即插入基质中。

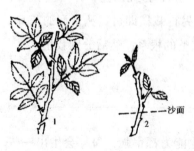

图6-1 嫩枝扦插法

1. 剪取插条部位 2. 扦插

叶插法

叶片上萌发不定芽和不定根的花卉适用这种方法，例如虎尾兰、秋海棠、石莲花等具有肉质叶片的花卉。不同种类的花卉，其叶插的方法也不同，如秋海棠叶插时，要先在盆里铺上洁净的河沙，用刀片将其叶背的主脉切出许多小伤口，之后平置于净沙上面，并用小块厚玻璃等物压在叶面上，使主脉与沙面紧贴；大岩桐叶插时将叶片带上

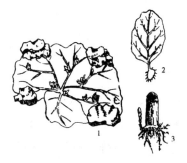

图 6-2　叶插法

1. 蟆叶秋海棠全叶插 2. 大岩洞叶插

3. 虎尾兰叶插

约 3 厘米长的叶柄插入沙土中，保持土壤湿润，便可从叶柄基部形成小球茎，并生根发芽，形成一个新植株（图 6-2）。

水插法

在水中容易生根的花卉适用这种方法。绿萝、豆瓣绿、秋海棠、合果芋、鸭趾草、广东万年青、水竹、彩叶草等近百种花卉都可以使用这种方法繁殖。具体做法是：选半木质化枝条或嫩枝，按需要的长度从茎节下 1 厘米的地方截下，除去插入水中的叶片，一般将插穗的 1/4 插进水里。插后按花卉习性分别放在散射光处或斜射日光处，通常 3~5 天换 1 次水，夏季每隔 1 天换 1 次水，为了防腐可以投入几块小木炭（或少许食盐）。待根长到 1~2 厘米时要及时上盆。气候温和的季节方适宜进行水插。

扦插生根要求的环境条件

温度

温度对生根的速度起决定性作用。大多数花卉需要 20~25℃的生根温度，而原产热带的花卉，如叶子花、变叶木、红桑等，则需要 25~30℃的生根温度。温度过低，生根缓慢；温度过高，切口容易腐烂。所以在自然条件下，春、秋两季比较适宜进行扦插。高温季节如果没有降温设备，不宜进行扦插。一般土温比气温高 3~5℃，利于在萌芽之前发根。

湿度

保持土壤的湿度和空气湿度，是维持插条的生命活力，促进愈合生根的必需条件。扦插基质的含水量一般以 50%~60% 为宜。如果扦插初期基质中的水分比较多，则有助于形成愈合组织。在愈合组织形成后，应逐渐减少水分，否则不易生根，甚至腐烂。嫩枝扦插要求空气的相对湿度在 85%~90%，以便在插条发根以前，保持嫩枝和叶片的鲜嫩，从而继续进行光合作用，制造养分，促发新根。

空气

因为插穗在扦插时间内仍在进行生理活动，所以需要充足的氧气来保证插条生根时的呼吸作用。一旦空气不足，插穗很容易因窒息而腐烂。

光照

嫩枝扦插对光的要求也比较高，不能完全无光，但光又不能太强，最好放在庇荫处，以插条能见到 30%~40% 光照为宜。在适当的光照条件下，嫩叶才可以继续进行光合作用，制造养分，促进愈合生根。

扦插基质

要求具有易于保持湿润又通气良好且排水畅通的材料。常用的基质有素沙、珍珠岩、蛭石、炉渣、砾石、泥炭等。选用哪种基质通常都可以就地取材。不管用哪种材料作基质，使用前都要日光暴晒或用开水泡，也可以用0.1%高锰酸钾溶液进行消毒，以防病菌侵染插条造成腐烂。水插时要保持水质的清洁，注意经常换水。所用的水要先放在桶里贮存1~2天，使水温接近气温时再使用。

扦插后要精心管理。扦插时要浇透水，并覆盖上塑料薄膜，以便于保温、保湿。插后放到庇荫的地方，使其接受散射光，防止日光直晒，以后每天将塑料薄膜打开1~2次，以更好地补充所需氧气，同时还要注意保持土壤的湿润。天气炎热时每天喷水2~3次，但喷水量不能过多，若床土过湿，则影响插条的愈合和生根。当根系长到2~3厘米时即可移植。

第四节 嫁接法

嫁接又叫接木，是指把优良品种的芽或枝移接到另一植株上，使其愈合生长在一起形成一个独立的新植株。被接的枝、芽叫接穗，承受接穗的植株称为砧木。嫁接成活的原理主要是接穗和砧木的结合部位形成一层有再生能力的薄壁细胞，使之形成愈合组织，使接穗和砧木密切结合形成接合部，而接穗与砧木原来的输导组织相连接，并使两者的养分、水分上下沟通，形成一个新的植株。在花木上常用的嫁接方法，可分为芽接、枝接和根接三种。枝接又可分为腹接、切接、舌接、劈接、靠接等法。芽接分为丁字形芽接、贴芽接、嵌芽接、套芽接等法。

现将花卉上使用最多的切接法、平接法分述如下。

切接法

切接是花木枝接中常用的方法之一，通常用于露地木本花卉（图6-3）。一般在春季顶芽刚萌动而新梢还未抽生时进行。因为这时枝条里的树液已开始流动，接口比较容易愈合，嫁接成活率高。

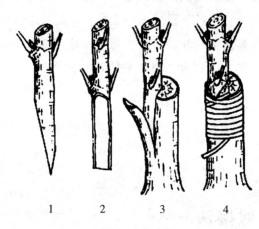

图6-3 切接法

1. 将接穗基部削成两个大小不同的斜面 2. 削面要平滑

3. 将长削面向里插进砧木切口 4. 将砧木上的皮片抱合在接穗外，自下向上用塑料条捆紧

切接时把砧木距地面6~20厘米处截断，削平切面，在砧木北面截面一侧稍带木质部纵向劈开一条深2~3厘米的裂缝。再选一年生充实的枝条接穗，取其中部截成长6~10厘米一段，每段需要两个以上腋芽。把接穗基部削成两个大小不同的斜面，一面长约3

厘米，另一面长约 1 厘米，削面要平滑，最好一刀削成。再把接穗的长削面向里，插进砧木的切口里，并将两侧的形成层对准（如接穗较细，只将一侧形成层对齐即可），最后将砧木上切开的稍带木质部的皮片抱合在接穗外，用塑料条将切口自下而上捆紧。为防止接穗抽干，最好用塑料袋把接穗和接口一起套上，待接穗萌芽后再去掉。

平接法

仙人掌类植物中的球形和柱状种类多用平接法。嫁接时用快刀把砧木顶端削平，削面的直径一定要超过接穗的直径，然后把接穗的基部横切一个口并马上放在砧木上，一定要对准髓部，最后用线或塑料带绑扎，使其紧密接合。平接具体操作方法如图 6-4 所示。

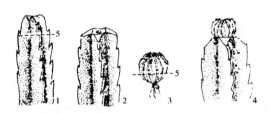

图 6-4　平接法

1. 横切三棱箭　2. 斜切　3. 横切接穗　4. 接合　5. 切线

影响嫁接成活的因素

亲和力大小

要使嫁接的成活率高，一个关键因素就是接穗与砧木的亲和力（即亲缘关系接近）要大，这种嫁接苗通常有比较强的适应能力，可以延长寿命或提早开花，如嫁接梅花，南方多用毛桃，北方多用山

桃作砧木。

嫁接时间

不同地区不同方法的嫁接时间也不同，各地要掌握本地嫁接繁殖的最佳时间，这是提高成活率的保证。

砧木与接穗的物候期

一般情况下，砧木的物候期要稍早于接穗，这样才更有利于成活。因为维持接穗生命活动的水分、养分都要通过砧木补充。假如接穗先活动，而此时砧木不能及时供应其水分和养分，接穗就会枯萎死亡，嫁接也就失败了。

形成层对准密接

嫁接时一定要对准砧木和接穗的形成层，并要保证其相互密接，这样才能产生愈合组织，然后生根发芽。所以嫁接时最好先削砧木后削接穗（缩短水分蒸发时间），切口一定要平滑；绑扎要紧，避免因中间出现空隙而影响成活。

温、湿度要适宜

一般花木嫁接的适应温度是 25℃左右。温度过高或太低，都不利于细胞的分裂和愈合组织的形成。嫁接后如果浇太多水，导致湿度过大，很容易引起伤口的腐烂；如果干旱缺水，空气湿度太低则成活率不高。

第七章

常见花卉的
养护知识

第一节　观叶花卉

澳洲杉

生物学特性及应用

澳洲杉又名异叶南洋杉。大枝平展，小枝下垂，叶片排立紧密，柔软，略下弯。喜温暖湿润的环境和充足的光照。生长适温为 10~25℃。

澳洲杉树形美观，可布置在光线明亮处的墙边、沙发旁、落地窗边。室内光照不足时应定期搬出增加光照。

花盆选用

花盆盆质要求　可使用泥质花盆、塑料盆、瓷盆和陶盆栽培。

花盆大小　澳洲杉可定植于 24~34 厘米盆径的盆中。

盆土配制

澳洲杉喜肥沃、疏松、排水好的沙质土壤。家庭可使用如下配方：园土：腐叶土：沙＝5：3：2；泥炭土：腐叶土：沙：珍珠岩＝5：2：2：1。

浇水

澳洲杉喜湿润的土壤及湿润的空气，怕干旱。春、夏、秋三季是其生长季节，应保持盆土的湿润，尤其是夏季，应每天向其四周和叶片喷雾洒水数次，以增加空气湿度，冬季气温较低时应使盆土偏干。

施肥

澳洲杉喜肥，但肥料充足时，盆栽澳洲杉向上生长较快，不利于室内布置。幼苗或苗较小时，生长季节可每20天左右追施腐熟的10倍液肥1次，或7天追施1000倍"花多多"通用肥1次。

当澳洲杉达到一定高度后，应少施肥量或不施肥，以抑制其生长。

如成形株叶色变淡，可用500倍尿素混合等量的500倍磷酸二氢钾液，或用1000倍"花多多"通用肥灌根1~2次。

四季管理

春季管理 春季最低气温稳定在10℃以上时换盆，澳洲杉一般每2~3年换1次盆。澳洲杉喜充足的光照，但忌烈日。春季是新茎叶生长抽出的时间，应保证充足的光照，否则新生枝叶会又高又瘦弱，枝层之间的距离拉大，株形不紧凑，影响美观。

光照不足时，澳洲杉的叶片也容易黄化软垂甚至脱落，故春季应布置于光照较好的窗台边培养、观赏。待新生叶长成后，可将澳

洲杉布置于有早晚光照或光线明亮的室内。

春季应保持盆土的湿润，注意施肥。室内较干燥时，养护应注意喷雾洒水，以提高室内空气湿度。

夏季管理 澳洲杉耐高温，但不耐烈日，强光下叶色呈老绿色，不利于观赏。夏季应布置于室内光线明亮处，盆土保持湿润，并增加喷雾洒水的次数，以提高室内的空气湿度，同时加强室内的通风。

气温较高时，澳洲杉耗水量较大，要注意补充盆土的水分。土壤干旱时下层叶片软垂甚至黄化，失去观赏价值，最终形成脱脚。

秋季管理 秋季气温凉爽后，应逐步增加光照，保持盆土湿润，同时停止施肥。

秋末气温下降前，可将澳洲杉移至室外，让其接受适当的低温锻炼。适当的抗寒锻炼有利于其越冬，但不能遭霜打。

气温下降后，应将澳洲杉移至室内有光照的窗边布置，使盆土湿润偏干。

冬季管理 澳洲杉不耐寒，室内温度在5℃以上可越冬。应保证充足的光照，保持盆土湿润偏干，不施肥。冬季晴天中午温度较高时，向其叶片和四周喷雾数次；室内使用空调时，因空气湿度较低，应增加喷雾的次数。

繁殖方法

播种 大树在南方才可结籽。因种子不易取得，可去园艺公司或花卉市场购买幼苗。

扦插 6~7月剪取当年生顶梢扦插。

病虫害防治

澳洲杉的病虫害主要有枝枯病、根瘤病、介壳虫等。

变叶木

生物学特性及应用

变叶木又名洒金榕。变叶木的种类很多，叶片形状和颜色因品种而变化很大，有线形至椭圆形，有的全缘或后分裂，有扁平叶、波形叶或螺旋状扭曲叶等，叶面上常具白色、黄色或红色斑纹或斑点，体内具白色乳状液体。

变叶木喜温热湿润的环境和充足的光照，生长适温为 20~30℃。

变叶木的品种较多，叶色变化大而丰富，同一株上叶色因生长期的不同而不同。变叶木可根据大小放置于窗台、花架或放置于书桌、茶几等处。

花盆选用

花盆盆质要求 可使用泥质花盆、塑料盆、瓷盆、陶盆栽培。

花盆大小 变叶木可定植于 12~24 厘米盆径的盆中。

盆土配制

变叶木喜肥沃、黏重保水的土壤。家庭可使用如下配方：园土：腐叶土：沙=8：2：1；泥炭土：腐叶土：沙：珍珠岩=7：2：1：1。

浇水

变叶木喜湿润的土壤及湿润的环境，忌干旱。生长旺季应浇水保持盆土的潮湿，同时定期向其叶面及四周洒水以增加空气湿度，如浇水不及时，变叶木下部叶会脱落而影响美观。冬季若气温低于

20℃，应减少浇水量，以保持盆土的湿润为好，但应经常向叶面喷水，保持室内的空气湿度。如室温在 10℃ 左右，应间干间湿地浇水。

施肥

变叶木喜肥，忌贫瘠。温度在 20℃ 以上时，每 20 天追施腐熟的 5 倍液肥混合等量的 500 倍磷酸二氢钾混合液或 1000 倍 "花多多" 通用肥 1 次，温度在 20℃ 以下时不施肥。

四季管理

春季管理　每年春季可换盆 1 次，但只要温度适合，一年四季均可换盆。变叶木喜高温多湿和适当通风的环境，喜强光照，如光照不足，叶片上的色斑会淡化。

春初应放置于有光照的室内或封闭阳台内培养，因室内空气湿度较低，应多洒水，保持盆土的湿润。当室外气温稳定在 15℃ 以上时，可移至有光照的阳台上培养，气温升高后变叶木进入生长旺盛时期，应注意水肥的供应。

夏季管理　变叶木喜高温，耐烈日，但气温较高时，应遮去中午的强光，以免叶面失去光泽。夏季也可将变叶木放置于室内光线明亮处，应注意水肥管理，多洒水。夏末气温凉爽后，应将变叶木放置于光照充足的窗台或阳台上培养。

秋季管理　秋季应保证变叶木有充足的光照，否则叶片上的色斑会变淡；秋季气温凉爽后，变叶木生长势头减缓，可减少水肥的供应；秋末气温下降前及时移入有光照的封闭阳台内或室内培养。

冬季管理　变叶木不耐寒，冬天室内气温应保持在 10℃ 以上。冬季应保证充足的光照和较高的空气湿度，但浇水不宜多，以湿润为宜。

室内温度在 10℃ 以下时下部叶易脱落，如温度再低，植株会受冻，但变叶木的萌生能力强，将受冻枝条剪去，春季加强水肥管理，植株还能恢复生长。

繁殖方法

采用扦插法，4~6月结合修剪进行。

修剪

扦插苗移栽成活后应留2~3片叶，摘心2~3次，促其侧枝生长，使株形丰满。变叶木生长过高时，可在4~6月结合扦插将其压低，将顶梢留作扦插用。

病虫害防治

变叶木的病虫害主要有根腐病、红蜘蛛、介壳虫、蚜虫等。

凤梨

生物学特性及应用

凤梨又名彩叶凤梨，开花时其内轮叶片的下半部分变红。喜高温高湿的环境，喜充足的光照，生长适温为22~25℃。栽培品种有镶边五彩凤梨、三色彩凤梨等。

凤梨叶片变色后，能维持4~6个月不变色。可放置在有光照的北窗台、花架、茶几、餐桌、书桌上，观赏期较长。因其叶色、株形较美丽，叶片不变色时也可作为绿叶植物布置于房间内观赏，但室内光线不足时应注意补充光照。

花盆选用

花盆盆质要求 可使用泥质花盆、塑料盆、瓷盆、陶盆栽培。

花盆大小　凤梨是附生性植物，根系不发达，一般选用12~14
厘米盆径的盆栽培。室内布置时，可外套外形美观的瓷盆。

盆土配制

凤梨喜含腐殖质丰富的腐叶土。家庭可使用如下配方：泥炭土：腐
叶土：沙=5：3：2。

浇水

凤梨生长季节喜湿润的土壤，
休眠季节耐干旱。

凤梨的生长旺季及花期应保持
盆土的潮湿，同时每天均应向其叶
片和四周喷雾洒水数次以增加空气
湿度。空气湿度不足时，叶片易卷
曲，失去光泽。因凤梨的吸收鳞片
在叶筒内壁的基部，浇水时应将叶
筒中贮满水，每次浇水时将叶筒中
的贮水换去，气温低于10℃时，叶筒中不宜贮水，并使盆土干而
不燥。

施肥

凤梨喜肥，但忌含硼肥料，生产上多用无硼营养液（家庭可用
腐熟的10倍液肥）作为追肥，园艺公司均有凤梨专用肥出售。

生长季节每7天追施凤梨专用肥1次。追肥时应将叶筒中灌满
肥液，叶变红后减少施肥量，每20天左右施肥1次；失去观赏价值
后每10天追施凤梨专用肥1次，以促使茎基幼株的生长。

四季管理

春季管理 春季最低气温稳定在15℃以上时可换盆和分株。

凤梨喜光照，光照不足时彩叶色易褪而变淡，不鲜艳，但忌暴晒。春季可布置于有光照的窗台上观赏培养，室外气温稳定在15℃以上时也可移至室外半光照处培养。保持盆土的湿润，并经常向叶片和四周喷雾以增加空气湿度。另外，春季是生长旺季，应注意水肥的供应。

夏季管理 凤梨喜高温，但不耐日晒，夏季应放置于室内光线明亮处或半光照的阳台上培养，如光线较弱，则不利于其养分积累。

夏季应保持盆土的潮湿，注意追肥，同时增加向叶片和四周喷雾洒水的次数。如布置于空调房间，凤梨易因空气湿度过低而卷叶或叶面发皱，应注意补充空气湿度。

秋季管理 秋季凤梨气温凉爽后，可适当增加早晚光照，但应减少水肥的供应量。秋末气温下降后注意保持室内的温度在20℃左右，不然冬季叶色不会变；如室内温度较低，应减少浇水次数，使盆土偏干。

冬季管理 冬季应布置于光照充足的窗台上培养。注意保持室内的温度，及时浇水施肥；如使用空调，室内的空气湿度较低，应增加向叶片和四周喷雾的次数。凤梨叶变色后，可降低温度，布置于5℃以上、有散射光的室内观赏，盆土以偏干为宜，这样可延长观赏期。

如秋冬季室内气温较低（最低应在5℃以上，否则会受冻），植株处于休眠状态，花期也会推迟，此时叶筒中不宜存水，盆土宜偏干；中午气温较高时应向叶片和四周喷雾数次，以提高空气湿度。

待春季气温上升后，注意水肥管理和光照，不久叶色还会变红。

花期管理 叶变色后，可布置于室内具散射光的凉爽处，使土壤偏干；失去观赏价值后应及时移入有光照的条件下培养，以利于基部新生幼株的生长。

繁殖方法

采用分萌芽繁殖，操作简便，适合家庭使用。

病虫害防治

凤梨的病虫害主要有叶斑病、介壳虫等。

澳洲鸭脚木

生物学特性及应用

澳洲鸭脚木又名大叶伞、手树、大叶发财树、昆士兰伞树，掌状复叶较大如平伸开的鸭掌，叶具长柄。喜温暖湿润的环境和不强的直射光照，也喜半阴的环境，生长适温为 20~30℃。

澳洲鸭脚木四季常绿，叶片大而披散，叶形独特，较耐阴，可长期布置于光线明亮而通风的房间内，如布置在客厅沙发边、落地窗边、墙角、餐桌边、卧室梳妆台边。

花盆选用

花盆盆质要求　可使用泥质花盆、塑料盆、瓷盆、陶盆栽培。

花盆大小　根据澳洲鸭脚木植株的大小，选用其冠径的 1/4~1/3 大小盆径的盆。

盆土配制

澳洲鸭脚木喜肥沃、疏松、排水好的土壤。

118

家庭可使用如下配方：园土∶腐叶土∶沙＝5∶3∶2；泥炭土∶腐叶土∶沙∶珍珠岩＝5∶2∶2∶1。

浇水

澳洲鸭脚木喜湿润的土壤和湿润的空气，生长季节应浇水保持盆土的湿润，同时经常向其叶面及四周洒水以增加空气湿度，因为空气湿度较低时，叶面易失去光泽。冬季若气温在15℃以上，可保持盆土的湿润；如冬季室温低于15℃，应减少浇水量，以保持盆土的湿润偏干为好。室内空气湿度较低时，应定时向叶面喷水，保持室内的空气湿度。

施肥

澳洲鸭脚木喜肥，温度在15℃以上时，幼株每15天、成株每30天施腐熟的5倍液肥或1000倍"花多多"通用肥1次。温度在

15℃以下时不施肥。

新生叶片小而发黄时，可根据叶片的生长情况用500倍的尿素根外追肥。

四季管理

春季管理　4月（气温稳定在10℃以上时）换盆，澳洲鸭脚木幼株每年换盆1次，成形株每2~3年换盆1次。

澳洲鸭脚木对光照有一定的要求，光照太强时，澳洲鸭脚木新叶长不大，不利于观赏；光照较弱时又容易落叶。

春季应放置在有充足光照或早晚有光照的室内，也可放置于明亮的散射光下，根据温度进行水肥管理。中午气温较高时，应向其四周喷雾增加空气湿度；春末气温升高后，可将澳洲鸭脚木移至阳台半阴处培养，也可继续放置于室内光线明亮处。

夏季管理　澳洲鸭脚木耐高温，但不耐烈日。夏季应放置于光线明亮或半阴处，其在夏季需水量大，应保持土壤的潮湿，一般早晚各浇水1次，同时经常向其四周喷水以增加空气湿度。夏季气温较高时停止追肥。

秋季管理　秋季天气凉爽后，可适当增加澳洲鸭脚木早晚光照。秋末气温下降前，应及时将放置于未封闭阳台上的盆栽移至有光照的室内，放置于室内的盆栽应逐步移至有光照的窗台边培养，根据室内温度进行水肥管理。

冬季管理　澳洲鸭脚木不耐寒，室温在5℃以上能安全越冬，气温低于5℃时易落叶，但家庭室内温度最好保持在10℃左右。澳洲鸭脚木冬季应放置于全光照下培养，也可放置于光线明亮的地方。根据室温进行水肥管理，中午气温较高时应向其四周喷雾增加空气湿度。

繁殖方法

可于 6~7 月取当年生嫩枝扦插繁殖。

修剪

澳洲鸭脚木植株高大而不适合室内放置时，可在基部以上的任一高度短截（按自己需要），短截后保证充足的水肥供应，切口下部很快会生出 1~2 个侧枝。

澳洲鸭脚木的基部发生萌蘖时应及时清除，亦可待其长至一定高度后剪下，作为扦插材料。

病虫害防治

澳洲鸭脚木的病虫害主要有叶斑病、炭疽病、锈病、红蜘蛛、介壳虫、蚜虫等。

吊兰

生物学特性及应用

吊兰又名挂兰、桂兰、折鹤兰，花期春夏季，但若温度适宜，一年四季均可开花。花葶从叶丛中抽出，弯曲下垂，花后变成匍匐枝，其顶部萌生出新植株。喜温暖湿润及半阴环境，生长适宜温度为 15~25℃。

吊兰株形优美，花葶独特，较耐阴，可终年放置于有散射光的窗台、床头、书桌、茶几、花架、卫生间等处，亦可悬吊于客厅、墙角、书橱边，以供观赏。

花盆选用

花盆盆质要求 可使用泥质花盆、塑料盆、瓷盆、陶盆栽培。如欲作垂吊栽培，应选用带有吊钩的花盆。

花盆大小 吊兰可定植于 15～20 厘米盆径的盆中。

盆土配制

吊兰喜疏松、肥沃、富含腐殖质而排水好的沙质壤土。

家庭可使用如下配方：园土：腐叶土：沙＝4：4：2；泥炭土：腐叶土：沙：珍珠岩＝4：3：2：1。

浇水

吊兰喜湿润的土壤，怕潮湿积水，喜空气湿度高的环境。生长初期浇水以盆土表面见干即浇为宜，保持盆土的湿润。

开花后，新生于花葶顶部的植株须在较高的空气湿度中才能生长，不然气生根易枯萎，除浇水还应经常向其叶片和四周洒水以增加空气湿度。生长旺季应勤浇水，多洒水；冬季气温较低时（10℃以下），应控制浇水，使盆土偏干。

施肥

吊兰喜肥，但对肥料要求不高。移栽及换盆初期不施肥，待植株生长旺盛时，可每隔 15～20 天追施腐熟的 10 倍液肥或 1000 倍"花多多"通用肥 1 次。

夏季高温时不施肥，冬季气温低于 10℃时不施肥。

四季管理

春季管理 春季气温稳定在 10℃ 以上时换盆，吊兰每年换盆 1 次。

春季换盆后置于半阴处培养，成活后可移至有光照处。春季是吊兰生长较快的季节，应保证充足的水肥供应，温度不高时可在全光照下培养，温度升高后遮去中午前后的光照。

如生长期发现叶色暗淡，呈淡绿色，可追施 1000 倍尿素 1~2 次；若在房间内培养，光照不足时，叶色易呈现黄绿色，可搬出增加光照。

夏季管理 吊兰耐高温，不耐烈日，如日照较强，吊兰叶片易被灼伤，夏季需遮阴。家庭可将吊兰放置在光线明亮的室内观赏。夏季应加强水分供应，并经常洒水，以增加空气湿度。

夏季吊兰的花葶顶部已长出幼株，可留于其上观赏，亦可将其剪下栽种。

秋季管理 初秋天气凉爽，吊兰生长加快，可适当增加早晚的光照，追加肥料，并注意水分供应。由于秋季气候干燥，应多洒水，以提高空气湿度。

秋末气温下降后，应注意保持室内温度在 5℃ 以上，并逐渐将其移至有光照的地方培养，使盆土湿润偏干，中午气温高时应向叶片和四周喷水数次。

冬季管理 吊兰不耐寒，室温保持在 3℃ 以上可安全越冬。冬季气温较低时，吊兰应放置于全光照下，浇水宜少，使盆土偏干，不施肥；如室温在 10℃ 以上，除保证全光照外，其余管理可参照春季。

繁殖方法

采用分株法繁殖，只要温度适合，一年四季均可进行。剪下花葶顶部的幼株，将气生根埋于盆土中，叶片留于土上。

病虫害防治

吊兰的病虫害主要有叶斑病、根腐病、蚜虫、介壳虫等。

吊竹梅

生物学特性及应用

吊竹梅叶椭圆形，近心形，叶面嵌有紫色条纹，叶背紫红色，喜温暖湿润及半阴环境，生长适温4~10月为18~22℃，11月至翌年3月为10~12℃。

叶片花纹美丽，较耐阴，是较好的室内布置的植物，可作吊盆，长期放置于有散射光的窗台、床头、梳妆台、书桌、花架、卫生间等处。

花盆选用

花盆盆质要求　可使用泥质花盆、塑料盆、瓷盆、陶盆栽培。

花盆大小　吊竹梅可3~5株定植于15~20厘米盆径的盆中。

盆土配制

吊竹梅喜富含腐殖质、疏松、肥沃的土壤。

家庭可使用如下配方：园土：腐叶土：沙＝5：4：1；泥炭土：腐叶土：沙：珍珠岩＝5：3：2：1。

浇水

吊竹梅耐水湿，不耐干旱，喜湿润的土壤和较高的空气湿度。

整个生长季节应保持盆土的湿润，除浇水还应经常向其叶片和四周洒水，以增加空气湿度。因为空气湿度不足，叶片易老化，会使其失去观赏价值。冬季气温较低时，应控制浇水，使盆土偏干。

施肥

吊竹梅喜肥，尤喜腐殖质肥，故在营养土的配制中应尽量多加入腐叶土。换盆移栽初期不施肥，待植株生长旺盛时，可每隔15～20天追施腐熟的10倍液肥或1000倍"花多多"通用肥1次。

夏季高温时不施肥，冬季气温低于10℃时不施肥。

四季管理

春季管理　春季气温稳定在10℃以上时换盆，吊竹梅幼株每年换盆1次；成形株可2～3年换盆1次，但应增加肥料的施用量。

春季换盆成活后可放置于室内光线明亮处培养、观赏，也可移至有光照处。在室内布置时，应经常向其叶片和四周洒水以增加空气湿度。

春季是吊竹梅生长较快的季节，应保证充足的水肥供应。温度不高时可在全光照下培养，温度升高后在半阴处培养。

如生长期发现叶片上的斑纹暗淡，可追施磷酸二氢钾1000倍液1～2次。若室内光线不足时，叶色易淡化，可适当增加光照。

夏季管理　吊竹梅不耐高温和强光，家庭可将吊竹梅放置在光线明亮的室内观赏。夏季应加强水分供应，并经常洒水，以增加空气湿度，同时注意室内的通风；气温较高时，停止施肥。

秋季管理　初秋天气凉爽，吊竹梅生长加快，可适当增加早晚的光照，并开始追肥，注意水分供应。由于吊竹梅对空气湿度要求较高，秋季气候干燥时，应多向其叶片和四周喷洒水，以提高空气湿度。

若长时间放置于光线不足的房间内观赏，吊竹梅的长势减弱，叶色会变浅。可利用秋季复壮，将其搬出增加早晚光照，注意水肥的施用，很快就会恢复。

秋末气温下降前，应将吊竹梅移至有光照室内，减少浇水量，停止施肥。

冬季管理　吊竹梅不耐寒，5℃以上可安全越冬，但室温最好保持在10℃左右，此时吊竹梅可以保持较好的观赏状态。冬季吊竹梅应放置于光照充足的地方培养，浇水宜少，使盆土略偏干，不施肥；如室温保持在10℃以上，管理可参照春季。

繁殖方法

采用扦插繁殖，只要温度适合，一年四季均可进行。

病虫害防治

吊竹梅的病虫害主要有叶斑病、蚜虫、介壳虫等。

发财树

生物学特性及应用

发财树又名马拉巴栗、瓜栗、美国花生，掌状复叶，小叶4~11片，茎基部自然膨胀如槌。其喜高温高湿的环境和充足的光照，但忌烈日直射，亦较耐阴，生长适温为20~30℃。发财树叶片四季翠绿，树茎造型编排别致美观，幼株可放置于光线明亮处的北窗台、床头、花架、茶几上，编排成形株可放置在客厅光线明亮处的墙角、落地窗边、沙发旁、书房的书桌边、卧室的拐角以及玄关前。

花盆选用

花盆盆质要求 可使用泥质花盆、塑料盆、瓷盆、陶盆栽培。

花盆大小 发财树幼株一般选用16~24厘米盆径的盆，成形株一般选用24~34厘米盆径的盆栽种。

盆土配制

发财树喜肥沃、疏松、排水良好的沙质土壤，编排成形株基茎膨大后，内部贮存着水分和养分，故对土壤要求不高。

家庭可使用如下配方：幼株，园土：腐叶土：沙＝4：4：2；编排成形株，园土：沙＝5：5。

浇水

发财树成形株基部膨大的茎贮存着水分和养分，耐旱、怕湿。土壤过湿时，易引起落叶，甚至腐烂死亡，故盆土偏干为宜，但叶面则应每天喷雾数次，以满足其对高湿空气的要求。发财树幼株喜湿润的土壤及较高的空气湿度，幼株生长季节应保持盆土的湿润，并每天向其四周喷雾数次，以提高空气湿度。

施肥

发财树较喜肥。春夏季每月施肥1次，用腐熟的饼肥水或"卉友" 20-20-20通用肥。生长期适当加施2~3次磷钾肥。夏季气温较高及冬季气温较低时不追肥。

成形株由于膨大基部贮存着水分和养分，生长季节不需追肥，如发现叶色发黄，在叶面喷施500倍尿素溶液，可使叶色恢复。

四季管理

春季管理　幼株春季可换盆。春季是幼小发财树的生长旺季，宜保证充足的光照，注意水肥管理。当室外气温稳定在15℃以上时，也可移至阳台上培养。春末幼株应移至半阴处或光线明亮处培养，注意补充空气湿度。春末气温升高后，应移至有早晚光照或半阴处培养。

成形株可全年放置在光线明亮处或早晚有光照的室内观赏、养护，因室内空气湿度较低，应注意喷雾提高空气湿度。

夏季管理　发财树喜高温，但不耐烈日。幼株在夏季高温及光照较强时应在半阴处培养，因夏季蒸发量较大，应注意水分的供应。

成形株只需注意提高空气湿度，不需太多的管理。

秋季管理 秋季幼株保证充足的光照和水肥的供应，秋末气温下降前及时移入有光照的封闭阳台内或室内培养。

布置于室内的成形株管理可参见春季管理。

冬季管理 发财树不耐寒，冬季室温在 10℃ 以上才能安全越冬，所以冬天室内气温应保持在 10℃ 以上。温度过低时（5℃）易引起落叶。幼株冬季应保证充足的光照，中午温度较高时应向其四周喷雾提高空气湿度。成形株注意控制浇水，以干透后浇水为宜，防止茎基腐烂，但叶面上应经常喷雾洒水。

繁殖方法

采用扦插繁殖，梅雨季取二年生枝 15～20 厘米，留顶部 1 叶，插入扦插基质中 1/2，7～10 天可生根。

修剪

发财树顶端优势明显，截顶后，下部很快会生出侧枝，故编排成形株顶的枝叶生长过高过快而影响观赏时，可截短，其下部会很快发生新茎叶。

编排成形的发财树如出现其中 1 辫或 2 辫枝已枯死，可将发财树留基部 30～40 厘米锯去（锯口应在膨大部分以上 10～20 厘米），将编在一起的发财树分开栽种，当其发叶后可 3 株合栽一盆，亦很美观。

如果幼株枝条较柔嫩，可以 5 株合栽一盆，当其长至 80～100 厘米高时即可开始将其编成辫子造型。编时茎枝间应留较大空隙，以便茎增粗。

病虫害防治

发财树的病虫害主要有叶斑病、炭疽病、介壳虫、粉虱、卷叶螟、红蜘蛛等。

富贵竹

生物学特性及应用

富贵竹又名绿叶龙血树、绿叶竹蕉、万寿竹等。茎细长，具节，叶片长披针形，上有黄色条纹。喜温热、湿润及半阴的环境，极耐阴，畏强光，需要较高的空气湿度；不耐寒，冬季室温在10℃左右时可安全越冬；生长适温为20～30℃。

富贵竹叶色美丽，典雅大方，造型容易，较耐阴，是较好的室内布置植物；可长期布置于有散射光的窗台、床头、梳妆台、书桌、餐桌、茶几、花架、卫生间等处，亦可瓶插水养。

花盆选用

花盆盆质要求　可使用泥质花盆、塑料盆、瓷盆、陶盆栽培。

花盆大小　富贵竹可定植于12～24厘米盆径的盆中。

盆土配制

富贵竹喜富含腐殖质、肥沃的土壤。

家庭可使用如下配方：园土：腐叶土＝5：5；泥炭土：腐叶土：沙＝6：3：1。

浇水

富贵竹喜潮湿的土壤和高湿的空气，不耐干旱，耐水涝。生长季节除保持土壤的潮湿，应经常向叶面和四周喷雾洒水，以增加空气湿度。冬季气温较低时可适当控水，避免土壤冻结。

施肥

富贵竹喜肥、耐肥，以氮肥为主。生长季每20天追施腐熟的5倍液肥混合等量的1000倍磷酸二氢钾或1000倍"花多多"通用肥1次。秋冬季节温度较低时不施肥。

四季管理

春季管理 春季气温稳定在15℃以上时换盆，富贵竹一般每年换盆1次。

富贵竹适应性强，栽培管理简单，可长期放置在有早晚光照或光线明亮的室内观赏。

春季是富贵竹的生长旺季，应将其放置于有早晚光照的地方，保持土壤的潮湿，注意施肥。

夏季管理 富贵竹喜高温高湿的环境，但畏烈日，夏季应在室内光线明亮处放置。浇水应及时，保持盆土的潮湿，同时注意增加室内的空气湿度，并注意室内通风。

秋季管理 秋季天气凉爽时可逐步增加早晚光照，保持盆土的

潮湿和较高的空气湿度，同时停止施肥。

秋末气温下降后应注意保持室内的温度，并将富贵竹移至有光照的窗台边培养，使盆土湿润，同时注意增加室内的空气湿度。

冬季管理 富贵竹不耐寒，冬季最低气温应保持在10℃以上，气温较低时叶片容易受冻黄化，失去观赏价值。

冬季富贵竹应放置在光照充足处培养，室温不高时盆土保持湿润即可。如室内最低温度保持在15℃以上，应保持盆土的潮湿，不施肥。

繁殖方法

采用扦插繁殖，只要温度适宜，全年均可进行。

病虫害防治

富贵竹的病虫害主要有黑霉病、叶斑病、介壳虫等。

观音竹

生物学特性及应用

观音竹叶集生于枝顶，掌状，小叶上具白色条纹。其原产我国南方地区，喜温暖、阴湿的环境，生长适温为20~30℃。

观音竹株丛繁密，叶形似伞，四季常青，较耐阴，适合家庭长期布置。可布置于窗台、书桌、茶几上，若室内光线太弱，应注意光线的补充。

花盆选用

花盆盆质要求 可使用泥质花盆、塑料盆、瓷盆、陶盆栽培。

花盆大小 观音竹可定植于16~20厘米盆径的盆中。

盆土配制

观音竹喜富含腐殖质、疏松而排水好的沙质土壤。

家庭可使用如下配方：园土：腐叶土：沙＝5：3：2；泥炭土：腐叶土：沙：珍珠岩＝5：2：2：1。

浇水

观音竹喜湿润的土壤和较高的空气湿度。生长季节应保持盆土的湿润，尤其是夏季需水量较大，每天均需浇水。

在浇水的同时应向其叶片和四周洒水，以增加空气湿度。冬季及春初气温较低时，保持盆土湿润偏干为好。但如冬季室温保持在10℃以上时，盆土应保持湿润。

施肥

观音竹喜肥，耐肥。春季观音竹开始生长后追肥，可从春季开始一直延续到秋季。每隔 20 天左右追施腐熟的 5 倍液肥 1 次，或 1000 倍"花多多"通用肥 1~2 次。秋末、冬季、春初气温较低时不施肥。

四季管理

春季管理　春季气温稳定在 10℃ 左右时换盆，观音竹一般 2~3 年换盆 1 次。

春季换盆成活后应放置于有光照的地方培养，保持盆土的湿润，并经常向其四周喷雾洒水，以增加空气湿度。春末气温较高时，可将其移至有早晚光照或有明亮的散射光的室内培养，室内应加强通风。

夏季管理　观音竹喜高温，但不耐烈日。光照太强时，新叶易灼伤。夏季观音竹可放置于室内有散射光的地方，保持盆土的潮湿，同时多向其叶片和四周喷雾，以满足其对空气湿度的要求。放置于室内时应加强室内的通风；放置于空调房间时，应增加洒水的次数。

秋季管理　秋季天气逐渐凉爽，可将观音竹移至有早晚光照的地方培养，同时保持盆土的湿润；中午气温较高时，向其四周和叶片洒水喷雾以增加空气湿度。秋末气温下降后，应注意保持室内的温度。

冬季管理　观音竹不耐寒，5℃ 以上可安全越冬。此时观音竹生长处于停滞状态，应放置于有光照的窗台边，使盆土湿润偏干。中午气温较高时，向其四周和叶片洒水喷雾，以增加空气湿度。如室内温度保持在 15℃ 以上，可正常生长，管理可参照春季管理，但要减少施肥量。

繁殖方法

采用分株繁殖，每年春季萌动前将萌生枝带根分切，分别栽种。

病虫害防治

观音竹的病虫害主要有叶斑病、介壳虫等。

广东万年青

生物学特性及应用

广东万年青又名亮丝草、万年青、粤万年青，叶较大、长卵形，叶色翠绿、光亮；喜温热湿润的环境，极耐阴，怕直射光，生长适温为20～28℃。

广东万年青四季常绿，极适合家庭布置。可长期放置于有散射光的窗台边、沙发边、茶几前，或墙角花架上、卫生间内，亦可水养于花瓶中（瓶中加少量化肥即可）。

花盆选用

花盆盆质要求　可使用泥质花盆、塑料盆、瓷盆、陶盆栽培。

花盆大小　广东万年青一般选用 24~34 厘米盆径的盆，或根据其冠径的 2/3 来选盆。

盆土配制

广东万年青对土壤要求不高，但喜肥沃的土壤。

家庭可使用如下配方：园土∶腐叶土∶沙＝5∶3∶2；泥炭土∶腐叶土∶沙∶珍珠岩＝5∶2∶2∶1。

浇水

广东万年青喜湿润的土壤和高湿的空气环境。春初气温较低时，盆土偏干，春季开始生长后保持盆土的湿润，同时经常向叶面和四周喷雾洒水。如空气湿度过低，广东万年青的叶片易发黄脱落。夏季因其耗水量较大，应保持盆土的潮湿。冬季气温较低时盆土宜偏干，低温多湿易烂根。

施肥

广东万年青喜肥，以氮肥为主，如氮肥不足，则叶片小，观赏价值降低。

幼株生长季节每 15 天追施腐熟的 10 倍液肥 1 次，或 1000 倍"花多多"通用肥 2 次，以促进快速生长。

达到一定的高度后（即成形株），可每月施腐熟的 10 倍液肥 1 次，或 1000 倍"花多多"通用肥 1~2 次，以保持叶色的光鲜和亮绿。

秋冬季节因气温较低，不施肥。

四季管理

春季管理 春季气温稳定在 10℃ 以上时换盆。幼株每年换 1 次盆，成形株 2~3 年换盆 1 次，换盆前可适当修剪。

广东万年青喜半阴，怕强光直射，可长期放置在有散射光的室内观赏。春季适当的光照有利于其生长，应放置于有早晚光照的地方或光线明亮处。同时，保持土壤的湿润，注意施肥。因室内空气湿度较低，不能满足其对空气湿度的要求，应每天向其四周和叶片喷雾洒水数次。

夏季管理 广东万年青喜高温，但不耐烈日，夏季应放置于室内有散射光的地方。气温较高时，需水量较大，应保持盆土的潮湿，同时经常洒水，补充室内的空气湿度。气温较高时停止施肥。如房间内使用空调，应注意不使空调风直接吹在叶片上，同时应注意室内的通风。

秋季管理 秋季广东万年青生长加快，应适当增加早晚光照或放置于光线明亮处，管理可参照春季。

气温下降后应注意保持室内的温度，同时减少浇水的次数，但浇水时注意见干见湿。

冬季管理 广东万年青不耐寒，冬季室温应保持在 5℃ 以上才可安全越冬。冬季广东万年青布置在光照充足处培养，气温较低时盆土以偏干为宜，否则根茎易腐烂。

如家庭室内温度保持在 10℃ 左右，广东万年青能缓慢地生长，应保持盆土的湿润，中午气温较高时向其叶片和四周喷雾洒水数次。

如房间内使用空调，应注意不使空调风直接吹在叶片上，同时应增加向其四周和叶片喷雾洒水的次数。

繁殖方法

分株 换盆时将丛生的茎从基部带根分切开，伤口涂上烟灰或

用杀菌剂消毒，稍晾后栽种。

扦插　6~7月剪取顶端嫩梢扦插。

修剪

广东万年青萌发力强，植株较高时可将顶部短截，加强水肥管理，这样切口下部又会发新芽生长。

病虫害防治

广东万年青的病虫害主要有炭疽病、褐斑病、蚜虫等。

果子蔓

生物学特性及应用

果子蔓又名红杯凤梨、锦叶凤梨。叶基部丛生呈莲座状，花期1~2月。叶状苞片组成的序状花序从叶丛中抽出，杯状，红色，小花白色；喜高温、高湿的环境，喜半阴，生长适温为15~27℃。

果子蔓株形美观，叶及花序奇特美丽。花序抽出后，可放置在有散射光的北窗台、花架、茶几、餐桌、书桌上，观赏期较长（可达2~3个月）。因叶色、株形较美丽，无花时也可作为绿叶植物放置于房间内观赏。

花盆选用

花盆盆质要求　可使用泥质花盆、塑料盆、瓷盆、陶盆栽培。

花盆大小　果子蔓是附生性植物，根系不发达，刚开始选用 15厘米盆径的盆栽培。放于室内时，可外套外形较美观的瓷盆。

盆土配制

果子蔓喜含腐殖质丰富的腐叶土。

家庭可使用如下配方：泥炭土：腐叶土：沙＝4：3：3。

浇水

果子蔓喜潮湿的土壤和较高的空气湿度。生长旺季及花期应保持盆土的湿润，盆土不宜积水，同时每天均应向其叶片和四周喷雾洒水数次，以增加空气湿度。空气湿度不足时，叶片易卷曲，失去光泽。因果子蔓的吸收鳞片在叶筒内壁，浇水时应将叶筒中贮满水，每次浇水时将叶筒中的贮水换去。冬季气温低于 10℃时，叶筒中不宜贮水，盆土也应偏干。

施肥

果子蔓喜肥，但忌含硼肥料，生产上多用无硼营养液（家庭可用腐熟的 10 倍液肥）作为追肥。园艺公司均有凤梨专用肥出售。

生长季节每 7 天追施凤梨专用肥 1 次，追肥时应将叶筒中灌满肥液。花箭抽出后减少施肥量，每 20 天左右施肥 1 次。

果子蔓的花序失去观赏价值后，可将花序剪去，每 7 天追施凤梨专用肥 1 次，以促使茎基幼株的生长。

四季管理

春季管理　果子蔓冬季开花后的植株叶片老化，观赏价值较低，待新生幼株从茎基生出长大后，将幼株切下栽种，老株可弃去。

春季可分株繁殖。春季果子蔓可放置于半光照下或有早晚光照处培养。春季是果子蔓的生长旺季，应注意水肥的供应。春末气温升高后，应将果子蔓移至阳台半阴处或室内光线明亮处培养。

夏季管理 果子蔓喜高温多湿，但不耐烈日。夏季应将果子蔓放置于光线明亮处或半阴处培养，保持盆土的潮湿并追肥。夏季应增加向其叶片和四周喷雾洒水的次数，尤其是放置于室内的果子蔓。

秋季管理 秋季天气凉爽后可逐步增加早晚光照，管理可参见春季。秋末气温下降后，室内最低气温应保持在16℃以上，待杯状花序完全变色后可移至温度稍低、光线明亮的室内放置。

如秋冬季节室内气温较低（应在10℃以上，否则会受冻），果子蔓会休眠，待春季气温上升后才开花。休眠期应保证充足的光照，使盆土偏干，不施肥。

冬季管理 冬季是果子蔓的花序观赏期，室内气温宜保持在10℃左右。此时植株处于半休眠状态，叶筒中不宜存水，保持盆土偏干，中午气温较高时应向叶片和四周喷雾数次，以提高空气湿度。

如室内最低气温保持在15℃以上，除保证一定的光照，其余管理同春季；如室内使用空调，空气湿度较低，应增加向叶片和四周喷雾的次数。

花期管理 果子蔓在花序观赏期可放置于具散射光的室内，室温不宜高，保持土壤偏干，以延长花序的观赏期。

花序观赏价值过后，可从基部剪去花序，并移至有光照的地方培养，同时注意水肥管理，以利根基部幼株的生长。

繁殖方法

采用分株繁殖，在春季最为适宜。

病虫害防治

果子蔓的病虫害主要有叶斑病、介壳虫、蓟马等。

含羞草

生物学特性及应用

含羞草又名怕羞草、知羞草。羽毛状叶片 2~4 枚成掌状排列，花期 3~10 月，花淡粉红色。喜高温多湿的气候和充足的光照，忌遮阴，生长适宜温度为 20~30℃。

用手轻触含羞草的羽毛状复叶，叶片随即闭合下垂，似害羞，故名。可放于桌上、窗台、博古架、床头，也因其观赏期较长，多放置于有光照的阳台或窗台上。

花盆选用

花盆盆质要求 可使用泥质花盆、塑料盆、瓷盆、陶盆栽培。

花盆大小 含羞草可定植于 9~14 厘米盆径的盆中。

盆土配制

含羞草喜肥沃的壤土，但对土壤要求不严，适应性强。

家庭可使用如下配方：园土：腐叶土：沙＝5：3：2；泥炭土：腐叶土：沙：珍珠岩＝5：2：2：1。

浇水

含羞草喜湿润的土壤，较耐干旱，亦耐水湿。盆栽生长初期应保持盆土的湿润，达到一定的高度后适当控水，以抑制株高。花期应保持盆土的湿润，以利于开花结籽。

施肥

含羞草喜肥，但肥料充足时，含羞草易疯长倒伏，影响美观。因盆土中已含有部分养分，生长初期不施肥。

生长旺季可追1次腐熟的20倍液肥，或1000倍"花多多"通用肥。如含羞草生长正常，也可不追肥。

如发现叶色发黄，可根外喷施500倍尿素1次。追施腐熟的液肥时，不要将肥液溅沾至叶片上，否则易将叶片烧伤。

四季管理

春季管理 含羞草一般于早春2月室内盆播最好，播种苗有5~8厘米高时即可上盆。移栽成活后应放置在光照充足处并保持盆土的湿润。

含羞草幼苗早期生长较缓慢，浇水宜少，春末温度升高后生长加快，可适当浇水施肥。但含羞草是蔓生性草本，茎长成蔓后整株倒伏，影响美观，故盆栽春末应注意控水控肥，不使其生长太快。

夏季管理 含羞草喜高温烈日，夏季也应放置在光照充足处培养，使盆土偏干以控制高度。如欲留种，含羞草开花时应保持盆土的湿润，以利于其开花结籽。

秋季管理 秋季含羞草基本失去观赏价值，可弃去。如欲留种，应保证充足的光照，保持盆土的湿润，待种子采收后弃去。

冬季管理 冬季枯死。

繁殖方法

采用播种繁殖，种子采收后湿沙藏至第二年 4 月播种。

修剪

老叶对外界的刺激反应较差，可将老的茎剪去，加强水肥管理，这样下部又可萌发新枝。

病虫害防治

含羞草的病虫害主要有猝倒病、根结线虫等。

第二节 观花花卉

杜鹃

生物学特性及应用

杜鹃又名映山红、满山红。花色品种很多，有紫、红、白、黄等色，花有单瓣、重瓣等。栽培品种有春鹃（花期 3~4 月）、夏鹃

（花期6~7月）、比利时杜鹃等。喜温凉的气候和半阴湿润的环境，生长适温为15~25℃。

盆栽布置宜选用比利时杜鹃。杜鹃开花后可放于窗台上、墙角花架上、客厅显眼处，株形小的杜鹃可放于茶几、书桌、餐桌上。

花盆选用

花盆盆质要求　可使用泥质花盆、塑料盆、瓷盆、陶盆等。

花盆大小　一般盆径为杜鹃冠径的1/2~2/3。

盆土配制

杜鹃喜酸性（pH4.5~5.5）、疏松、排水良好的土壤，忌含石灰质的碱性土壤，忌黏质土壤。

家庭栽培可用如下配方：比利时杜鹃，腐叶土：泥炭土：沙 = 5：2：3；春夏鹃，园土：泥炭土：沙=3：5：2。

掺入适量骨粉后搅拌均匀。

浇水

杜鹃对水质要求极严，在给杜鹃浇水时一定要注意水质。水质以雨水为最好，其次是塘水。家庭如无条件使用雨水和塘水，可将自来水存放在敞口容器中4~5天后使用。如家中养有鱼类，养鱼水也是很好的水源。

杜鹃喜潮湿的土壤和湿润的环境条件。杜鹃根系浅，紧贴地表，根系细小，受旱后容易死亡，所以为保证其根系不受旱，生长季节应保持盆土的潮湿。

杜鹃喜较高的空气湿度，每天均应向其四周喷水数次来保证杜鹃对高湿空气的需求。由于春鹃和夏鹃冬季休眠，秋末气温下降后应少浇水，使土壤湿润偏干，以促其休眠，增强其抗寒能力。

另外，给杜鹃浇水时应用细嘴喷壶沿盆口慢灌，不要将水溅至叶片上，否则叶片上出现水锈，会影响叶片的生长和观赏效果。

施肥

杜鹃极喜肥，但应薄肥勤施，宜淡不宜浓。因为杜鹃根系非常细小，肥料浓度稍有不当，极易烧根。

比利时杜鹃不施基肥，只施用营养液，生长季每7天追施1000倍"花多多"通用肥1次。长叶期、现蕾期，氮、磷、钾配比稍有不同，可选用"花多多"系列液肥。

春、夏鹃的基肥可用腐熟的菜籽饼、豆饼等加入少量骨粉，每盆施用半汤匙，不宜多。基肥可在换盆时施入，也可撒在盆土上，或挖孔埋入。

春、夏鹃的追肥可用鱼肠、鱼头、鱼鳞、烂虾、鸡肠、细毛、豆饼等加水密封腐熟后稀释施用。3月份施30倍腐熟的液肥3次，花蕾初现可用1000倍磷酸二氢钾液叶面喷施；4月花后，追施30倍液态肥3~4次，7天1次；5月追液态肥，7天1次；7月下旬追液肥30倍，7天1次；8月份在液肥中加入等量的豆饼液肥，7天1次；12月份施1~2次液态肥，作为基肥。如家庭中施用腐熟的液肥不方便，也可用"花多多"通用肥替代。

杜鹃在培养过程中会出现缺铁性黄化病（即叶色发黄），发现该情况后应加施硫酸亚铁1000倍液，以补充其对铁元素的要求。

四季管理

春季管理 杜鹃可在花后换盆，由于杜鹃具有菌根（即寄生在杜鹃根上的一种菌类，与杜鹃根形成共生关系，杜鹃根为其提供养分，菌类则利于杜鹃的根系吸收水、肥，其作用与根瘤菌相类似），新盆盆土中应掺和部分老盆盆土。

春天光照不强，杜鹃可接受阳光直射。春季是杜鹃的生长季节，注意肥料的施用，保持盆土潮湿，并向四周喷雾，以保持较高的空气湿度（杜鹃因对空气湿度要求较高，每天均需向其四周喷雾多次，较烦琐。较好的方法是用废旧毛巾等吸水性东西浇透水后平铺放置于盆栽杜鹃的四周，水分的蒸发可以形成一个较好的适合杜鹃生长的湿度环境，毛巾快干时用水浇湿即可。操作较简便）。春末气温升高后应遮半阴。

夏季管理 夏季注意遮阴，但要保持盆土潮湿，增加洒水次数，加强通风。如夏季温度较高，应停止施肥。

秋季管理 秋季是杜鹃的又一生长旺季，需勤施肥，浇水、洒水也要跟上。可适当增加早晚光照。秋末气温下降后春、夏鹃控水使其休眠，比利时杜鹃应注意保持温度。

冬季管理 春、夏鹃休眠后较耐寒，但也应注意防冻，可放置于0℃左右有光照的阳台上培养。浇水不需太勤，保持土壤湿润即可。

比利时杜鹃不耐寒，应在温度较高的（10℃以上）室内培养，保证70%~80%的光照。日常管理可与春秋季相同。如培养得当，比利时杜鹃可在元旦至春节开花。

花期管理 阴凉的环境、湿润的土壤可延长花期。

繁殖方法

扦插 比利时杜鹃多用此法。此法繁殖速度快，成苗一致。

压条 高压法，适用于扦插困难的家庭。

修剪

杜鹃幼苗可通过打头的方法，使其形成丰满的株形。株形以伞形为好。

成形后的老株一般不重剪，只剪去枯枝、老死枝、斜长枝等影响观赏的枝。

现蕾后注意剪去过密的花蕾和较小的蕾，使花蕾大小一致，分布均匀，开花时才可满盆皆花。花后摘去残花。

病虫害防治

杜鹃的主要病虫害有锈病、叶枯病、军配虫、叶蜂、介壳虫、蚜虫等。

花期控制

提早花期 在秋末气温下降前，将杜鹃移入温室内，保持 20℃ 左右的温度，可将开花时间提前。

推迟花期 将有花蕾的杜鹃放入 3~4℃ 的冷室中，需花时提前 15 天左右移出室外，正常管理即可。

金盏菊

生物学特性及应用

金盏菊又名长生菊，花期 4~9 月。外轮舌状，雄花黄色至深橙红色，心部筒状，雌花深褐色。喜凉爽的气候和充足的光照，生长适宜温度为 10~20℃。金盏菊花期较早，花色金黄或橙红，是冬春

灰暗色调中的亮点。

盆栽可在开花时搬入室内，放置于书桌、床头、窗台、茶几上。因其花期较长，如室内光照较差，应定期搬至适合的光照下培养一段时间，以免影响下一轮开花。

花盆选用

花盆盆质要求　可使用泥质花盆、塑料盆、瓷盆、陶盆栽培。

花盆大小　金盏菊一般选用12~16厘米盆径的盆。

盆土配制

金盏菊喜富含腐殖质、疏松、肥沃的土壤。

家庭栽培可选用如下配方：园土∶腐叶土∶沙 = 4∶4∶2；泥炭土∶腐叶土∶沙∶珍珠岩 = 3∶3∶3∶1。

浇水

金盏菊喜湿润的土壤，怕干旱和水涝。移栽初期，保持盆土的湿润，移栽成活后，可让盆土偏干，促使根系生长。以后的整个生长季节一直保持盆土的湿润即可。

施肥

金盏菊喜肥也较耐瘠薄，肥料充足时，生长旺盛，开花大而多。由于土壤中有一定的营养，金盏菊栽种初期不需追肥。待其根基部出现分枝生长时，可开始追施腐熟的 10 倍液态肥或 1000 倍"花多多"通用肥，每隔 15 天左右 1 次。

现蕾后追腐熟的 5 倍液肥混合等量的 500 倍磷酸二氢钾液 1 次，或 1000 倍"花多多"通用肥 2~3 次。

花期每隔 15~20 天追施混合液肥 1 次。

四季管理

春季管理　春季气温升高后，金盏菊大量开花，应注意水肥的供应，保证充足的光照。上年 12 月即已开花的金盏菊可适当修剪，降低高度，修剪后追液肥 1 次，以使其发新枝开花。

夏季管理　在夏季天气凉爽地区，金盏菊可从春天一直开花至秋天，此时应保证水肥的供应和充足的光照，适当修剪。在夏天炎热地区（如南京），金盏菊入夏即死，如无降温设施，夏季不宜种植。

秋季管理　金盏菊 9 月份播种，移栽成活后要保持土壤的湿润和充足的光照，不施肥。由于金盏菊相对耐寒，秋末气温下降后，可让其在室外感受霜寒，这样有利于提高其抗寒性，但如果秋末气温剧烈下降，则应注意防护，防止出现受冻情况。如欲提前开花，盆栽在室外气温降至 5℃时，应及时移入有光照的封闭阳台内。

冬季管理　金盏菊在长江流域及其以南地区不需防寒，长江以北冬季温度较低地区应注意防护，可放置在有光照的封闭阳台内或室内培养。冬季寒冷，金盏菊生长缓慢，应使土壤偏干。

金盏菊如在温度较高、有光照的封闭阳台内栽种，12 月份即可开花，并且开花不断，此时应保证水肥的供应和充足的光照。

花期管理　由于金盏菊花期很长，应注意水肥的供应和保证充足的光照，及时摘去残花，植株较高时应及时修剪。另外，冬季开

花的金盏菊不耐冻，应注意防寒。

繁殖方法

播种　花盘枯萎发黑时可采下，晾干、脱粒，干藏至秋播。春秋季气温在 10~20℃ 时均可播种，一般秋播可在第二年 2 月至 3 月上中旬开花，早春（2~3 月）播种，可在 6 月中下旬见花。

扦插　多用于保存优良性状和优秀品种，不适合家庭使用。

修剪

生长初期可摘心 1 次，以促使其多发分枝。开花后，每朵花败后都要及时摘去，以促其下部新枝萌发、生长和开花。植株生长过高时可将其剪低，同时增加水肥的供应，下部又可发枝开花。

病虫害防治

金盏菊的病虫害主要有幼苗猝倒病、锈病、蚜虫等。

花期控制

初秋播种，冬天放置于 10℃ 以上有光照的封闭阳台内培养，12 月份可现花。开花后温度保持在 5℃ 以上，可开花至第二年春天，如早春在温度较高的室内播种，可在 6 月份开花，如夏季天气凉爽，可开花至秋天。

兰花

生物学特性及应用

兰科，兰属植物。兰花以生态习性不同可分为地生兰和气生兰两大类。国兰均为地生兰，品种有春兰、惠兰（夏花）、建兰（极岁兰）、寒兰（冬花）等。"国兰"指的就是原产中国的兰花，喜温暖湿润的环境和散射光或弱直射光，生长适温为 15～25℃。兰花是我国传统栽培的名花，叶、花均可观赏。

兰花可放置于无强直射光的阳台上培养，全年均可观赏，观叶或观花，也可在需观赏时放置于博古架、书桌、窗台上。

花盆选用

花盆盆质要求　兰花是肉质根，喜透气盆，故应用专用兰盆，也可用高脚泥盆。

花盆大小　兰花可选用相当于其叶展直径 1/3～2/3 的盆栽种。

盆土配制

兰花对土壤要求较严，兰花土必须透气、肥沃、疏松，pH 在 6.0～6.5，应用专用兰花土。如家庭配制不便，可到园艺公司或花卉市场购买。

家庭也可使用如下配方：腐叶土：沙：陶粒 = 5：2：3；腐叶土：腐熟的蘑菇料：沙：陶粒 = 4：2：1：2。

浇水

兰花对水质的要求很高，最好使用雨水、养鱼水，自来水一定要放置于敞口容器 3～5 天后使用。

兰花生长季节喜湿润的土壤和较高的空气湿度，半休眠季节喜偏干的土壤。

兰花生长旺盛时应及时浇水，但浇水时应注意见干见湿，盆土干后再浇水，如怕浇不透，可用浸盆法浇水。兰花生长季要求土壤湿润的同时，也要求有较高的空气湿度，故浇水时应向周围多洒水，以提高空气湿度。浇水应在早、晚进行。

兰花生长势较低时盆土宜偏干，尤其是气温较高或较低时土壤不宜过湿，否则易烂根。

施肥

兰花对肥料要求不高，喜腐殖质土壤。兰花可用"奥绿"通用型长效肥（氮、磷、钾配比为20：20：20）作基肥。

可在兰花生长旺盛的春秋季节及花前花后追液态肥（用豆饼、羊蹄、骨粉、鱼骨、鱼鳞等混合沤制，腐熟后取上清液稀释）100~150倍（宜稀不宜浓），或1000倍"花多多"通用肥，每15天1次。夏季气温较高时或冬季气温较低时不施肥。

施肥时应用细嘴喷壶沿盆沿慢浇，不要将肥液溅沾至叶片上，也不要将肥液浇到叶丛中，否则会造成腐烂。

四季管理

春季管理 春天光照不强，可将兰花置于上午10：00以前、下午3：00以后的直射光下，同时要注意肥水的供应。兰花有"春不出"的说法，即春季气温不稳定，兰花出房不宜早，如欲放置于庭院或未封闭的阳台上培养，应在室外气温稳定在15℃以上时搬出。

春季可给兰花换盆。但一般情况下，只要条件许可，兰花一年四季均可换盆，换盆最好选择在兰花生长势较低时结合分株进行。将兰花脱盆后，要轻轻剔去兰根上的土壤，剪去枯死根、烂根，用水清洗后，伤口用草木灰沾一下，晾干后上盆。

兰花对盆土疏松、透气的要求极高，因此盆底应多垫一些碎瓦片。上盆时应将兰根均匀分布于盆中，让兰根与盆土充分接触，栽种好后盆土中央应稍拱起，后可覆盖一层水苔或碎石以增加美感。

上盆后浇透水，放在阴凉处培养几周，以后逐步移至光照合适的地方培养。

需要注意的是，剪断的兰根不会再生，只有发新芽时才会长出新根，故换盆时不能碰伤或剪断健康的兰根。

夏季管理　夏季气温较高，应注意遮阴和通风降温。兰花应放置在无直射阳光的地方培养，气温应控制在 25～28℃。盆土不宜过湿以免高温引起茎基腐烂，浇水应见干见湿，不能施肥。

放置于室内培养的兰花应勤向其四周洒水并加强通风。在使用空调的房间内，空气湿度较低，应增加喷雾次数；放置于庭院中培养的兰花应防止雨水的冲淋。

秋季管理　9～10 月是兰花生长旺季，可置于中午没有直射阳光的阳台或室内明亮的散射光下，注意水肥供应，勤洒水。室外气温下降至 10℃ 左右时应及时移入封闭阳台内。随着气温渐凉逐渐减少浇水次数，兰花停止生长后保持土壤偏干即可。

因墨兰冬天开花，故应正常进行水肥管理。

冬季管理　兰花均不耐寒，冬季要注意防寒。建兰、墨兰应放于室温 10℃ 以上的环境中培养，其余品种的兰花均应置于 5℃ 左右的环境中培养。冬天应有充足的直射光，保持土壤偏干即可，中午气温较高时应向其四周喷雾数次，以增加空气湿度。不施肥。如放置于空调环境中，应注意及时增加空气湿度和补充土壤水分。

花期管理　保持土壤湿润，勤向其四周洒水或喷雾，以增加空气湿度，保证适当的光照。

繁殖方法

采用分株繁殖。春兰、惠兰在秋天生长停止时分株；建兰、墨兰、寒兰可在早春花后叶芽未萌动前分株。分株应按 3～5 株为一丛带根分开栽种。

病虫害防治

兰花的病虫害主要有叶斑病、炭疽病、白绢病、介壳虫等。

梅花

生物学特性及应用

梅花的树姿因品种不同而不同，或曲折，或遒劲，花2~3月先叶开放，有白、红、绿、紫等色。品种很多，有绿萼、龙游、宫粉等。喜温暖湿润的环境和充足的光照。比较耐寒，生长适温为15~20℃。

盆栽或盆景梅花在开花时可搬入室内观赏，小型盆栽可放置于茶几、书桌或窗台上，大型盆栽宜布置于客厅落地窗边。

花盆选用

花盆盆质要求 梅花对盆质无特殊要求。如作盆景栽培，应选用相应的盆景盆，多用紫砂盆。

花盆大小 盆栽一般选用梅花冠径2/3大小的盆。盆景应因势选盆。

盆土配制

梅花极耐瘠薄，对土壤要求不严，但喜排水良好的沙质土壤。家庭可使用如下配方：园土：腐叶土或腐熟的牛粪：沙＝6：2：2。

浇水

梅花耐干旱而不耐水涝。盆栽梅花应少浇水，保持盆土偏干即可，以抑制其高度。开花时，可保持土壤的湿润。

施肥

梅花耐瘠薄，对肥料要求不高，但适当施肥可促进其生长和开花。

梅花先开花后长叶，在花败长叶前施 1~2 次腐熟的 10 倍液态肥，或 1000 倍"花多多"通用肥 2~3 次，以促进叶片的生长。秋季休眠前用 1000 倍磷酸二氢钾液灌根 1~2 次，有利于梅花越冬和第二年开花。

四季管理

春季管理 梅花开花期间可放置在室内观赏。花败后换盆、修剪整形。长叶期追肥 1~2 次，以利于新叶生长。春季梅花应搬至阳光充足处培养。春季可保持盆土的湿润，以利于新生枝叶的生长。

夏季管理 梅花耐酷暑，夏季不需遮阴。7 月份后控制盆栽梅花水分，使盆土偏干，抑制其生长，以免生发新梢，消耗过多的养分，影响花芽分化。由于盆景梅花的盆浅土少，应适当遮阴，防止水分供应不上，造成干枯死亡。

秋季管理 秋季应保证充足的光照，控制水分，使盆土偏干。因为梅花需休眠后才开花，秋季应让其在自然降温中休眠。梅花需低温才能休眠，秋末应让盆栽梅花经受霜冻，促使其休眠。

冬季管理 梅花比较耐寒，黄河以南可露地越冬，但由于梅花盆栽和盆景盆浅土少，北方地区应移至冷室中越冬，注意根部防冻。冬季梅花休眠，应使盆土偏干。在花芽萌动前适当浇水，保持土壤湿润，以利于开花。

花期管理 开花时盆栽放置于室内凉爽处，保持盆土的湿润偏干，以利于延长花期。开花后应立即移至阳光下培养。

繁殖方法

采用嫁接繁殖，嫁接砧木可用梅花、桃、李、杏实生苗。但用桃树作砧木嫁接的梅花早期生长旺盛，后期易生病，长势不良，故多选用其他砧木。

修剪

梅花以曲为美，以枝老怪异、斜横疏瘦为贵，修剪应达到"疏、曲、欹"的效果。梅花要在花后修枝，应剪去徒长枝、平行枝、交叉枝、病虫枝，萌蘖枝在原有的枝条基部留 2~3 个芽短截，当年的新枝都是花枝不能短截，否则来年开花少。梅花主要以剪为主，以绑为辅（龙游梅除外），绑扎会使梅花失去特有的傲性。

病虫害防治

梅花的病虫害主要有叶斑病、根结线虫、象鼻虫、梅毛虫、介壳虫、六星吉丁虫、金毛虫、缩叶病、炭疽病等。

花期控制

春节开花 初冬，将休眠的盆栽梅花移入温室内有阳光直射处，适当浇水使土壤偏干，室内温度保持在 8~10℃，花蕾现色后增至 15~20℃，注意经常向枝干上喷水以防抽干。花开后适当降温，以延长花期。花期早迟可通过提高和降低温度进行调节。

"五一劳动节"开花 将休眠的盆栽梅花放置在 0~2℃冷库中，4 月初逐步移出冷库，放置于自然条件下培养即可。梅花从冷库移至室外，中间应有过渡，温度要慢慢升高，不能将梅花从冷库直接搬至室外。

牡丹

生物学特性及应用

牡丹 4 月中下旬开花，花色品种多样，花大而艳丽，华贵富丽，有"国色天香"之美誉，是中国十大名花之一。品种很多，有的品种有香味。喜凉爽干燥的气候和充足的光照，生长适宜温度为 13~18℃。

可在开花时搬入室内观赏。因其花大而艳，是万众瞩目的焦点，盆栽宜放置于客厅显眼位置、窗台前、餐桌边。放置位置过低将影响观赏效果。

花盆选用

花盆盆质要求 可使用泥质花盆、塑料盆、瓷盆、陶盆，以泥质花盆为好。

花盆大小　花盆直径20~30厘米的深盆（深35厘米）。

盆土配制

牡丹要求排水好、含部分腐殖质的沙质壤土。

家庭可使用如下配方：园土：腐叶土（或腐熟的牛粪）：沙：煤渣=3：3：2：2。

浇水

牡丹耐干燥，忌积水潮湿，浇水不宜多。生长初期盆土以偏干为宜，生长旺盛时需水量较大，应保持盆土湿润，秋季休眠后应使盆土偏干。

施肥

牡丹喜肥，肥多时生长旺盛，但也耐瘠薄。在给牡丹换盆时可以加入部分基肥。基肥可用腐熟的豆饼肥、豆浆渣等。基肥的施用量为盆土的1/10，也可用"奥绿"通用型长效肥作基肥。

牡丹发芽后施5倍腐熟的液态肥混合等量的500倍液磷酸二氢钾液态肥，或1000倍"花多多"通用肥2~3次，每次间隔15天。

花败后施10倍腐熟的液态肥，每月1次，或1000倍"花多多"通用肥每月2~3次。夏季气温较高时停止施肥。

四季管理

春季管理　牡丹的管理比较粗放。春季应保证充足的光照，注意花前肥的施用。花前肥可促使花蕾发育，使花朵增大。开花期放置于室内观赏的牡丹，在花败后应及时移至光照充足的地方培养。花败后注意施用花后肥，因为花后叶片生长旺盛，施肥有利于培养壮株、增加花蕾数量。生长季节保持土壤湿润至偏干即可，不可过湿。

牡丹可在早春芽未萌动时换盆，但早春换盆或分株的牡丹生长势差于秋栽苗，如春季换盆移栽时间较晚会影响开花。

夏季管理　牡丹喜充足的光照，但在炎热的夏季，应注意遮去中午的光照。7月下旬，牡丹的花芽开始分化，温度过高不利于花芽分化，应放置于有早晚光照的地方培养，注意适当遮阴、降温。如夏季气温较高，则牡丹生长处于停滞状态，并且会提早进入落叶休眠期，不利于牡丹的营养积累。而且，夏季进入休眠的牡丹在秋季温度合适时会再次萌发，这样会消耗大量的养分，并且使花芽提早萌动，第二年春天不能开花。所以，夏季炎热地区一定要注意降温，以延长牡丹的生长时间，防止其进入休眠状态。

如果夏季进入休眠，则秋季应防止其再次萌发，可将其放置在阴凉的地方，控制浇水，使盆土偏干至干燥。

秋季管理　秋季牡丹已近休眠，保持土壤偏干即可，不需太多管理。秋末如气温仍然较高，休眠的牡丹会再次萌发，不利于牡丹第二年春天的开花，所以牡丹休眠后应放置在阴凉处，注意控制盆土的水分，防止其再次萌芽。

牡丹也可在秋季休眠后换盆或分株，这样处理可以使牡丹在严冬来临前即已生根，对第二年生长有利。

冬季管理　牡丹冬天休眠。牡丹较耐寒，但由于盆栽牡丹的根系易受冻，家庭应将盆栽牡丹放置在0℃左右的阳台上。

花期管理　牡丹花大而重，开后易下垂，宜用竹竿或棍棒支撑。开花时将盆栽放置于室内凉爽处，有利于延长花期。

繁殖方法

播种　8月中下旬种子成熟后随采随播。

分株　在秋季牡丹休眠后进行。牡丹脱盆后阴干 2~3 天，待其软化后在易分离处劈开（新分株应带有较好的根系），伤口用千分之一的多菌灵消毒，再阴干 1~2 天后栽种。

嫁接　嫁接在 9~10 月进行。

修剪

修剪在牡丹花谢后即可进行，剪去残花后按自己所需株形修剪，每株留 5~6 个主枝为宜，修剪后应加强水肥管理。

病虫害防治

牡丹的病虫害主要有叶斑病、黑斑病、根茎部腐烂病等。

花期控制

需要在春节开花的牡丹，可在 11 月中下旬将休眠一段时间的牡丹移入温室。用赤霉素 500~1000 毫克/千克（浓度应参照使用说明书）点枝顶的芽苞，促使其打破休眠并生长发叶，温度控制在 15~25℃，待见花苞时，再点一次赤霉素，促使花苞膨大，50~60 天即可开花。现花苞后，牡丹的开花时间可用温度调控，温度低时，开花时间后延；温度高时，开花时间提前。适合催花的牡丹品种有赵粉、朱砂垒、大胡红等。

三色堇

生物学特性及应用

三色堇又名鬼脸花、猫儿脸、蝴蝶花，花期春秋季，花有三色，花开后看似鬼脸又似蝴蝶飞舞。现代园艺品种有纯色品种。喜凉爽的气候和充足的光照，生长适宜温度为 7~15℃。

花色、花形独特，可在开花时搬入室内，放置于餐桌、书桌、茶几、窗台上，因花期较长，白天应置于有光照的地方培养。

花盆选用

花盆盆质要求 可使用泥质花盆、塑料盆、瓷盆、陶盆栽培。为与家庭装潢相协调，可以用色彩有变化的塑料花盆栽培。

花盆大小 三色堇可定植于20~27厘米盆径的盆中（每盆2~3株）。

盆土配制

三色堇喜富含腐殖质的疏松土壤。家庭可使用如下配方：园土：腐叶土：沙=4：4：2；泥炭土：腐叶土：沙：珍珠岩=4：2：2：2。

浇水

三色堇喜湿润的土壤，怕干旱和水涝。整个生长期均需保持土壤湿润，但冬季气温较低时应使盆土偏干。

施肥

三色堇喜肥，但对肥料要求不高。三色堇上盆成活后应追腐熟的 10 倍液态肥，或 1000 倍"花多多"通用肥 1~2 次，以促其在冬前发生丛株，利于越冬，也利于早开花。冬季气温较低时不施肥。

现花蕾时再追 10 倍腐熟的液肥混合等量的 500 倍磷酸二氢钾液 1 次，或 1000 倍"花多多"通用肥 2~3 次，花期每 15 天左右施 10 倍腐熟的液态肥混合等量的 1000 倍液磷酸二氢钾液 1 次，或 1000 倍"花多多"通用肥 2~3 次。

如在上盆时施用了基肥，生长初期可不施肥。基肥可用腐熟的豆饼肥、豆渣等有机肥，也可用"奥绿"通用型长效肥作基肥，基肥的施用量为盆土的 1/20。

四季管理

春季管理 春季气温升高后，三色堇生长加快，应保持土壤湿润和充足的光照，适当追肥。

春季是三色堇开花旺季，花前及花期应注意水肥管理。室外气温稳定在 10℃左右时可移至室外培养。春末气温升高后三色堇就会老化枯死，可在种子采收后弃去。

夏季管理 夏季枯死。

秋季管理 三色堇 9 月份播种，移栽 1 次，待播种苗长出 5~6 片叶时即可上盆；扦插苗的根长至 3~5 厘米时可上盆。

三色堇上盆移植成活后，保持土壤湿润和充足的光照，追 1~2 次液肥使其在冬天来临前长成丛株。进口园艺品种的三色堇不耐低温，秋末气温下降时应移至 0℃左右、有光照的封闭阳台内。老品种的三色堇较耐寒，在长江中下游可安全越冬，秋季可露地培养，但北方地区应注意防寒。

冬季管理 冬季三色堇可放置于有光照、0℃左右阳台上培养。冬季三色堇生长减缓，应保证充足的光照，浇水宜见干见湿，盆土不宜过湿，以湿润偏干为好，低温多湿易烂根。

如冬季室内温度较高（15℃左右），可在秋季气温下降前移入室内，12月份即可开花。管理应同于春季。

花期管理 三色堇花期较长，应保证充足的光照，保持土壤湿润，及时追肥。春末气温较高时注意降温，利于延长花期。

繁殖方法

采用播种繁殖，三色堇种子采后干藏至9月份播。

病虫害防治

三色堇生长在气温较低的秋冬季，病虫害很少，主要有叶斑病、蚜虫等。

芍药

生物学特性及应用

芍药又名将离、婪尾春、没骨花，是我国最古老的传统名花之一。花期4~5月，花形、花色因品种不同而异。喜凉爽的气候和充足的光照，生长适温为10~25℃。

芍药花大而亮丽，灿烂无比，与牡丹齐名。可在开花时搬入室内，因株形及花均较大，低放于显眼处，可使满室生辉，亦可在花半开时剪下插入室内花瓶中观赏。

花盆选用

花盆盆质要求 可使用泥质花盆、陶盆，但以泥质花盆为好，为与家庭装潢相协调，可以用紫砂花盆栽培。

花盆大小 芍药应选用盆径 20~25 厘米、深度在 30 厘米以上的盆。

盆土配制

芍药喜排水良好、疏松、肥沃的沙质壤土。

家庭可使用如下配方：园土：腐叶土：沙=4：3：3；泥炭土：腐叶土：沙：珍珠岩=4：2：3：1。

浇水

芍药喜湿润偏干的土壤，畏潮湿和水渍，水分过多，肉质根易腐烂。芍药较耐旱，但过分干旱也会抑制其生长和开花。家庭栽培以土壤湿润为宜。

芍药在生长季节应保持土壤的湿润，但浇水应见干见湿。秋冬季节芍药休眠，应使盆土偏干。

施肥

芍药极喜肥，对磷、钾肥要求较高。盆栽在春季开花前追施 5 倍腐熟的液态肥混合等量的 500 倍磷酸二氢钾液肥，或 1000 倍"花多多"通用肥 2~3 次，每次间隔 15 天，可使花大、艳丽。

花败后施混合液肥 2~3 次，以利于根部养分的积累。磷、钾肥利于地下肉质根的膨大和养分的积累，花后肥宜偏重于磷、钾肥，可加施 1000 倍磷酸二氢钾液 1 次。

在给芍药换盆时可加施一些基肥。基肥可用腐熟的豆饼，施用量为盆土的 1/20。也可用"奥绿"通用型长效肥作基肥。

四季管理

春季管理　芍药较耐寒，在长江流域 2~3 月就会发芽生长。可将芍药放置于室外光照充足处培养。发芽时保证充足的光照，保持土壤的湿润，有利于茎叶的生长。长叶旺盛期注意施肥。芍药现蕾前及开花后注意水肥管理。花败后注意追肥。

夏季管理　芍药不耐高温，夏季光照较强时，芍药叶片易被灼伤，而且休眠期会提前，不利于其地下肉质根的养分积累。应将芍药盆栽移至有早晚光照处的阳台上培养，保持土壤湿润。注意洒水，增强通风降温。气温较高时不施肥。

秋季管理　秋季芍药进入休眠，盆栽应放置自然条件下，保持土壤湿润偏干即可。待芍药的叶枯黄后（10 月中旬至翌年 2 月中旬）换盆，一般 3~5 年换盆 1 次。剪去芍药地上部枯黄叶后脱盆，将肉质根晾软后带芽分切，分别栽入盆中。栽种深度以土壤高于芽 2~3 厘米为宜。

早秋分株换盆可以使芍药在冬季来临前产生新根，有利于其第二年的生长和开花。如在春天分株和换盆，芍药会出现当年生长迟滞和不开花的现象，故芍药均在秋天分株换盆或移栽。

冬季管理 冬季芍药休眠，应使盆土偏干，无需太多管理。气温过低时宜将芍药搬至0℃左右的封闭阳台内培养。

花期管理 芍药开花时，将盆栽搬至室内凉爽处，可延长花期，保持盆土湿润至偏干。

繁殖方法

播种 7月采种播种。播种苗一般4~5年才能开花。

分株 10月份芍药休眠后结合换盆进行。

病虫害防治

芍药的病虫害主要有叶斑病、锈病、炭疽病、灰霉病、介壳虫、红蜘蛛、蚜虫等。

月季

生物学特性及应用

月季的花期在春夏季，如温度合适，终年有花。月季栽培品种很多，主要有藤本月季、丰花月季、切花月季和香水月季等几大类。月季为人工杂交种，喜温暖湿润的气候及充足的光照，生长适温为20~25℃。

盆栽丰花月季开花时搬入室内，放置于室内厅堂显眼处、花架上、窗台等处。因月季喜强光，长时间放置于室内不利于其后花蕾的形成，最好放置于有光照的窗台上。

花盆选用

花盆盆质要求　可使用泥质花盆、塑料盆、瓷盆、陶盆，但以泥质花盆为好。

花盆大小　常用 15~18 厘米直径的花盆。

盆土配制

月季喜富含腐殖质、肥沃的弱酸性轻黏质土壤，对土壤的适应性强，对土壤的要求不高。

家庭可使用如下配方：园土：腐叶土：沙 = 5：3：2；泥炭土：腐叶土：沙：珍珠岩 = 4：2：3：1。

浇水

月季喜湿润的土壤和湿润的环境。春季恢复生长后应使盆土处于湿润状态。夏季需水量较大，每周浇水 2~3 次，但保持盆土湿润的同时，也要防止盆中积水。秋季保持盆土的湿润，秋末气温下降后减少浇水，直至其休眠。秋末、冬季及春初气温较低，月季处于休眠状态，浇水以盆土偏干为好。

施肥

月季喜肥，耐肥，肥足则株旺花多。家庭栽种除施入基肥，生长季节还应注意追肥。基肥可用腐熟的饼肥、牛粪，再掺入少量的骨粉，施用量为盆土的 1/10。如在配制营养土时，腐叶土能按比例添加，可减少基肥的施用量，也可用"奥绿"通用型长效肥作基肥。

幼苗月季的生长季节每 15 天追施 5 倍腐熟的液肥 1 次，或 1000 倍"花多多"通用肥 2 次。丰花月季春季新叶生长后每 15~20 天追施 5 倍腐熟的液肥 1 次，或 1000 倍"花多多"通用肥 2 次。

待花芽形成后，每 15 天追施 5 倍腐熟的液肥混合等量的 500 倍磷酸二氢钾液 1 次，或 1000 倍"花多多"通用肥 2 次，并可叶面喷施 1000 倍磷酸二氢钾液 1~2 次。

月季开花期不追肥。剪取切花后或花败修剪后追施 5 倍腐熟的液肥，或 1000 倍"花多多"通用肥每 10 天左右 1 次，以促进新枝的生长，并可叶面喷施 1000 倍磷酸二氢钾液 1~2 次。

待新枝花芽形成后，每 15 天追施 5 倍腐熟的液肥混合等量的 500 倍磷酸二氢钾液 1 次，或 1000 倍"花多多"通用肥 2 次，如此反复。夏季气温较高时及秋冬季节气温较低时不施肥。

四季管理

春季管理 春季芽未萌动前换盆，月季每年需换盆 1 次。除夏季温度较高和冬季温度较低，其他季节均可换盆。但在月季的生长季节换盆会影响其生长和开花，故多在休眠季节进行。

换盆成活后应放置于有光照的阳台上，保持盆土的湿润。空气湿度不足时应经常向其四周洒水喷雾以增加空气湿度，但空气湿度太高时易发生白粉病，应注意通风。

见叶展开后开始追肥，并注意保持盆土的湿润。开花时可放置于室内有明亮散射光的地方培养，花败后及时修剪并移至有光照的地方培养，注意水肥的供应，很快会有新芽生长和开花。

夏季管理　月季夏季高温时生长缓慢，虽可开花，但花较小。温度较高时盆栽可布置在半阴处或有早晚光照的阳台上。因其叶片较多，蒸发量大，对水分的要求较高，应注意水分的供应，浇水时多向其叶片和四周喷洒，使地面湿润，以增湿降温。夏末气温凉爽后应移至光照充足的地方培养，及时补充水肥。

如夏季温度较高时土壤干旱，月季会进入半休眠状态。在生产切花月季时多利用夏季高温干旱促使月季休眠，以压低株形。在夏末天气凉爽后恢复浇水、施肥，9~10月可开花。夏季休眠的月季植株长势、开花均强于夏季不休眠的月季。

秋季管理　秋季气温适合月季的开花和生长。盆栽应保证充足的光照并及时浇水施肥。秋末气温下降前应将盆栽月季移至有光照的封闭阳台或室内窗台上培养，只要保证10℃以上的温度和充足的水肥供应，就可继续生长开花。

如家庭冬季没有加温条件，可以一直放置在室外阳台上培养。在秋末气温下降后，逐步减少浇水量，使土壤偏干。当气温降至0℃左右时月季生长停滞，进入休眠。待月季休眠时可重剪，以压低株形。

冬季管理　冬季气温较低时月季休眠，休眠的月季较耐寒。盆栽可放置于0℃左右的地方，使盆土偏干即可。如秋冬季节室内气温保持在10℃以上，月季仍可生长开花，管理可参见春季，但应减少水肥的供应量。

花期管理　月季开花后可置于室内有散射光的地方，保持盆土湿润，适当降低温度，有利于延长花期。花败后应立即移至光照充足的地方培养。

繁殖方法

1. 扦插

（1）老枝插。将冬季修剪下来的枝条剪成 10~15 厘米长（3 节 2 段），以 30~50 枝为 1 捆，埋于湿沙中。早春芽未萌动时取出，沾生根粉后插 2/3 于扦插基质中，浇透水后保持土壤的湿润。

（2）嫩枝插。春季取顶端半木质化的嫩枝长 10~15 厘米，留顶部 2 叶，沾生根粉后插于沙中或扦插基质中，插入深度为插条长的 1/2。浇透水，保持扦插基质的湿润，并经常向叶面喷洒水，保持较高的空气湿度，直至生根。

扦插苗生长及开花均不如嫁接苗，故生产上多用嫁接苗。

2. 嫁接

砧木用粉团蔷薇播种苗，芽接、劈接均可。

修剪

丰花月季上盆成活后即可摘心数次，可形成一个多花枝丰满低矮的株形。花败后及时剪去残花及徒长枝，适当压低修剪，以保持低矮多头的株形。

切花月季嫁接幼苗上盆成活后应及时除去枝条上的花朵，不让其开花，以便集中养分生根和长叶。经过 7~8 个月的生长，茎基会窜出 1~3 枝粗壮的开花母枝，待其上花朵露红后可按自己所需的高度剪去其上的部分（一般地栽切花月季留高 40~50 厘米，盆栽留高 20~30 厘米）。所留开花母枝很快会生出 2~3 枝开花枝。花蕾长大后注意间蕾，待花朵有两枚花瓣展开时即可剪下瓶插观赏。剪花时应使母株保留基部3~4片叶长的枝，所留枝会萌生新芽生长开花。

每茬花后应适当轻剪，以保持一定的株形。在夏季或冬季休眠时将过高的植株距土面40~50厘米（盆栽20~30厘米）重剪，只留3~4根粗壮的枝条，其他枝条全部剪去，只有不停地修剪才会保持较好的株形和旺盛的生长势。

病虫害防治

月季的病虫害主要有褐斑病、根结线虫、白粉病、细菌性根癌、介壳虫、蚜虫、红蜘蛛、斜纹夜蛾等。

花期控制

只要温度合适，保证充足的光照和水肥管理，月季一年四季均可开花。

朱顶红

生物学特性及应用

朱顶红又名孤挺花、百枝莲等，花期4~6月。4~6朵漏斗状的花着生于伞形花序上，花大，色彩因品种而不同。喜温暖湿润的环境和充足的光照，但畏强直射光，生长适温为18~23℃。

朱顶红叶色翠绿，花朵硕大，艳丽非常，可在开花时搬入室内。因株形及花较大，宜放置在墙角花架上、窗台及客厅显眼处，亦可在花开时剪下插于室内花瓶中观赏。

花盆选用

花盆盆质要求　可使用泥质花盆、塑料盆、瓷盆、陶盆等栽培，最好用有色彩花盆栽培。

花盆大小　刚开始15~17厘米盆径，随着花的生长发育，再换大花盆。

盆土配制

朱顶红喜富含腐殖质、排水良好的沙质土壤。

家庭可使用如下配方：园土：腐叶土：沙＝4：3：3；泥炭土：腐叶土：沙：珍珠岩＝4：2：3：1。

浇水

朱顶红喜湿润的土壤，怕水渍。新球栽种初期浇水宜少，以偏干为宜，防止水多烂球，待叶片出土后可加大浇水量，使盆土湿润。朱顶红生长旺盛时期对水分需求较大，要保持土壤的湿润。秋季朱顶红生长势减弱，应逐步减少水分供应，使土壤偏干。秋末停止浇水，让朱顶红进入休眠。

施肥

朱顶红喜肥也耐肥。朱顶红叶片长出后至开花间应每隔 15 天追施腐熟的 10 倍液肥 1 次，或 1000 倍"花多多"通用肥 1~2 次。

现花蕾后施 1000 倍磷酸二氢钾液 1 次。开花后每隔 15 天施 1000 倍磷酸二氢钾液 1 次，每隔 1 个月施 20 倍液肥，或 1000 倍"花多多"通用肥 1 次，以使地下球茎充实健壮积累养分。秋季气温下降后停肥。

在给朱顶红施肥时应注意，不要将肥液灌至叶丛内，否则叶基易腐烂。

四季管理

春季管理 3~4 月将休眠的朱顶红球四周的小球剥下，将大球基部的根剪去，放于阳光下晒 1~2 天，待伤口干结后上盆。栽种深度以球顶露在土面上为宜，栽种前 1~2 天先将盆土浇透，使其处于湿润状态。朱顶红球栽下后暂不浇水，待土壤干结后再浇水。刚栽种时尽量少浇水，以免水分过多烂球。

朱顶红在栽种初期对水肥要求不高，但其叶片长出后应加强水肥的供应。朱顶红长叶后应保证充足的光照，开花后可移至室内观赏。花后注意施肥的变化。花败后如不收种，应及时将残花剪去。

夏季管理 夏季气温较高，光照较强，朱顶红应适当遮阴。家庭可放置于早晚有光照或半阴的地方培养，多施磷、钾肥，少施氮肥，以利球茎的养分积累。

秋季管理　秋初应将朱顶红移至有光照的地方培养，减少水肥供应，为休眠作准备。待气温下降至 15℃ 以下时可停止水肥供应，让其休眠。

休眠后的朱顶红可脱盆去土干贮，也可只剪其上枯死的叶片，在盆土中休眠。在盆中休眠时，盆土应保持干燥状态。

冬季管理　朱顶红球不耐冻，休眠球应放置 5~10℃ 的通风干燥处贮藏。家庭最好在盆中休眠。朱顶红休眠期间不能浇水，应使盆土干燥。

花期管理　春末开花后置于室内凉爽处，有利于延长花期，花败后及时移至适合的光照条件下培养，否则会影响地下球茎的养分积累。

繁殖方法

播种　朱顶红需人工辅助授粉才可结果。种子采收后要立即播种。

分球　将大球四周的小球在春季剥下另行栽种，也可将大球纵向切成数块后栽种（注意每块均应带基盘）。

病虫害防治

朱顶红的病虫害主要有根腐病、红蜘蛛、病毒病、叶腐病等。

花期控制

将休眠后的朱顶红脱盆并重新栽种，放置于 18~25℃ 的环境中，约 2 个月可开花。如同时进行遮光处理（每晚 5：00 遮光至第二日晨 8：00 揭开），可提早 1 个月开花。催花朱顶红一般先开花后长叶。

紫罗兰

生物学特性及应用

紫罗兰又称草桂花，花期 4~5 月。花生于总状花序上，淡紫色或粉红色，也有白色、淡红色、紫色栽培种。喜凉爽的气候和充足的光照，夏季需遮阴，生长适温白天 15 ~ 18℃，夜间 10℃左右。

紫罗兰的总状花序生于枝顶，花序较长，花期也长，如养护得当，满盆皆花。可在开花时搬入室内观赏，可放置于窗台、床头、餐桌，因花期较长，放置于有光照的落地窗边或阳台上较好。

花盆选用

花盆盆质要求　可使用泥质花盆、塑料盆、瓷盆、陶盆栽培。

花盆大小　紫罗兰可定植于 20~27 厘米盆径的盆中。

盆土配制

紫罗兰喜肥沃深厚、排水良好的沙质土壤。

家庭可使用如下配方：园土：腐叶土：沙＝5：3：2；泥炭土：腐叶土：沙：珍珠岩＝5：2：2：1。

浇水

紫罗兰喜湿润的土壤，怕水渍。除冬季偏干，整个生长季均应保持土壤湿润。

施肥

紫罗兰较喜肥。盆栽移栽成活后可追腐熟的10倍液肥，或1000倍"花多多"通用肥2~3次。

冬季由于气温低，不施肥。第二年春季现花序时追施腐熟的10倍液肥混合1000倍磷酸二氢钾液1次，或1000倍"花多多"通用肥2~3次。花败修剪后追施混合液肥1~2次。

四季管理

春季管理 春季气温上升后应保持土壤湿润和充足的光照。现花序后追肥，花败后可将花枝剪去，适当施肥，保持土壤湿润，注意遮半阴和降温。6~7月可第二次开花。

夏季管理 紫罗兰不耐高温。夏季气温升高后如不防护，紫罗兰生长不良，易枯死。家庭一般在第二次花败后即可弃去。

秋季管理 如果不是在寒冷地区，紫罗兰于9月播种，播种苗长至2~3叶时即可移栽上盆。因其根断后再生能力弱，移栽时注意不要碰断苗根，应带土移植。紫罗兰在盆中直接播种，可减少移栽的麻烦。直接播种需要及时间苗，否则幼苗生长不好。

移栽成活后加强水分供应，保持土壤湿润和充足的光照，适当追肥。盆栽可在成活后摘心 1~2 次，以促生分枝。

冬季管理　紫罗兰较耐寒。家庭中应将其放置于 0℃ 左右有光照的封闭阳台上越冬。如置室外，应用保温材料包裹盆，以防冻根。温度在 -5℃ 时不宜放置室外。冬季气温较低时盆土不宜湿，以偏干为好。

花期管理　花盆放置于凉爽的室内可延长花期，要保持土壤湿润。花败后应立即移至室外环境适合处，进行修剪、施肥，以利于第二次开花。

繁殖方法

采用播种繁殖，果实发黄后从花枝基部剪下，晒干脱粒，干藏至 9 月播种。

因紫罗兰重瓣花不育，种子只能采自单瓣花株。为保证花的质量，家庭应到花卉市场或园艺公司购买种子。

病虫害防治

紫罗兰的病虫害主要有叶斑病、蚜虫等。

白兰花

生物学特性及应用

白兰花又名白兰、玉兰花、白缅兰等，花期 5~10 月。花单生于叶腋，花白色或略带黄色，香味浓郁。喜暖热湿润和光照充足的环境，不耐阴，生长适温 15~30℃。

白兰花洁白无瑕，香气诱人，花朵可熏制花茶。可放置于阳台上有光照处培养、观赏，亦可在阳台外搭架放置。开花时将花朵摘下，吊挂于衣襟或房内的床头、梳妆台上，无论放于何处，淡雅的

清香均会令人心旷神怡。

花盆选用

花盆盆质要求　可使用泥质花盆、塑料盆、瓷盆、陶盆栽培，但以泥质花盆为好。家庭可以用釉盆栽培。

花盆大小　根据白兰花株形大小一般选用 16 ~ 24 厘米盆径的盆。

盆土配制

白兰花喜富含腐殖质、肥沃疏松而排水良好的沙质土壤。

家庭可使用如下配方：园土：腐叶土：沙 = 4：4：2；泥炭土：腐叶土：沙：珍珠岩 = 4：2：2：2。

浇水

白兰花的根是肉质根，既不耐干又不耐湿，更怕积水。春季出房后（气温稳定在 15℃ 以上）浇一次透水，以后保持盆土的湿润。因白兰花叶大而多，蒸发量较大，需水也多，故生长季节应经常注意盆土的干湿情况。夏季气温较高，白兰花需水量也较大，应每天浇水 1~2 次（根据盆土的干湿度），同时多向其四周及叶片上洒水以增加空气湿度。秋季天气凉爽时浇水减少，保持盆土湿润即可。秋末气温下降后减少水分供应，使盆土偏干。冬季、春初如室内气温较低，白兰花生长处于停滞状态，应严格控制白兰花的水分，使盆土偏干。

施肥

白兰花较喜肥，秋末、冬季、春初，白兰花生长势较低，不施肥。春季见新叶长出后可开始施肥，每 10 天追施 1 次 10 倍腐熟的液肥，或 1000 倍"花多多"通用肥，每隔 2 个月可加施 1000 倍硫酸亚铁液 1 次。

四季管理

春季管理 初春，白兰花应在有光照的封闭阳台内培养。气温升高后换盆（白兰花幼株每年换盆 1 次，成形株每 2~3 年换 1 次盆），换盆时最好保留根部心土。新芽萌动后注意土壤不能缺水。当室外气温稳定在 15℃ 以上，可将白兰花搬出阳台外有光照的地方培养，保持盆土的湿润，新叶生出后开始施肥。

夏季管理 白兰花耐高温，也耐强光，但夏季光照太强时易使叶片被灼伤，故夏季气温较高时应将白兰花移至有早晚光照或半阴处培养，加强水肥的供应，多向四周洒水，增加空气湿度，同时注意通风。夏末天气凉爽后应将白兰花移至光照充足处培养。

秋季管理 秋季应保证充足的光照，水肥管理也要跟上。10 月份以后天气凉爽，可逐步减少水分供应，停止施肥。

秋季为增强其抗寒能力和减少虫害的发生，应让白兰花在室外低温下锻炼一段时间，但不能让其遭霜打。下霜前应及时搬入有光

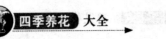

照的室内培养，如室外气温下降剧烈，应及时移入室内。

冬季管理 白兰花不耐低温，冬季温度应保持在5℃以上。此时的白兰花已处于半休眠状态，应保证充足的光照，使盆土偏干，盆土不干不浇水，停止施肥。室内培养时，室温最好保持在8℃以上，此时保持盆土湿润和充足的光照，不施肥。

冬季不通风的室内环境易生介壳虫，应注意室内适当通风。

花期管理 春季保持盆土的湿润和充足的光照，夏季温度较高时半阴，同时注意水肥管理。

繁殖方法

嫁接 白兰花嫁接均以木兰类植物（白玉兰）为砧木。

压条 选二年生粗壮枝，在6月份进行高空压条。

修剪

白兰花一年抽发3次新生枝叶。第一次出叶在4月上旬至中旬，第二次出叶在6月中下旬至7月上旬，第三次出叶在8月中下旬。因白兰花只在新枝叶腋有花芽，故只有新枝叶生长时才会开花。在生长季适当摘去部分老叶，有利于新枝叶的生长萌发，也有利于多开花。繁殖成活后的白兰花应摘心1~2次，使其发生分枝，以利于盆栽矮化和成形。

病虫害防治

白兰花的病虫害主要有炭疽病、叶斑病、灰霉病、介壳虫、蚜虫、红蜘蛛等。

百合

生物学特性及应用

百合又名强瞿、中庭、中逢花、重迈等。百合园艺栽培品种很多，花期在夏季，花色有白、黄、橙红及杂色等。喜温暖湿润的气候和充足的光照，生长适温为15~25℃。

百合是纯洁美满的象征，花姿美丽，亭亭玉立。盆栽百合宜选择低矮品种，开花时搬入室内观赏，可放置于窗台、书桌及茶几上。

花盆选用

花盆盆质要求　可使用泥质花盆、塑料盆、瓷盆、陶盆栽培。

花盆大小　百合播种可定植于15~20厘米盆径的盆中，每盆栽

种 3~5 球。

盆土配制

百合喜土层深厚、疏松而又富含腐殖质、排水良好的土壤。
家庭可使用如下配方：园土：腐叶土：沙 = 1：1：1；泥炭土：
腐叶土：沙：珍珠岩 = 4：3：2：1。

浇水

百合喜湿润而不积水的土壤。由于百合新生根主要长在老球之
上的新生茎上，离地面较浅，保持土壤的湿润尤为重要。盆土不能
缺水，但浇水过多易引起烂根。

百合栽种初期浇水宜少，使土壤偏干，待出叶后逐步增加浇水
量，以保持土壤的湿润。生长旺盛及开花期多浇水，保持土壤湿润。
花败后地上部分叶片开始发黄时减少水分供给，使土壤微湿，以促
其休眠。休眠后应使土壤偏干。

施肥

百合极喜肥，尤其是磷、钾肥。百合球体内含有充足的养分，
故生长初期不追肥。叶片长出花盆 3~5 厘米后可开始追肥。每 10~
15 天施 10 倍腐熟的液肥，或 1000 倍 "花多多" 通用肥 1 次。

现蕾后加施磷酸二氢钾 1~2 次，花后追混合液肥 2~3 次，以促
进地下百合球的生长。

四季管理

春季管理 百合开始萌芽生长后，应保持盆土湿润和充足的光
照，不需施肥。随着茎叶的长高，可逐步加土，直至加土至距盆口 1
厘米时停止。盆土加满盆后可开始追肥。

夏季管理 初夏是百合生长和开花的旺季，应注意水肥的施

用。但有些地区初夏时雨水较多，应根据盆土的干湿情况控制浇水量。

百合开花后可将其搬入阴凉的室内观赏，这样有利于延长花期。花败后，百合的地下新球茎开始生长，应剪去残花，保证充足的光照和水肥的供应，以促进地下新生球茎的生长发育。夏季气温升高后，百合逐步进入休眠状态。待地上部茎叶枯死后将其剪去。如条件允许，可将百合球茎挖起，埋于湿润偏干的泥炭土中，放置于低温处贮藏。家庭可不脱盆，让其在花盆中休眠。

由于百合球不耐高温，应将花盆放置于阴凉处，以保持盆土偏干。

秋季管理　秋季可将百合球从盆中脱出，按大小分级，然后按级别栽种。

百合忌连作，盆栽百合每年均应换土换盆栽种。先在盆底垫1~2厘米的土层后，将3~5个百合球根部相对放置于盆的中央，球顶斜向盆壁上方（不是根部向下，球顶向上的栽种方式，而是球体呈一定的向外倾斜角）。球茎距盆口10~12厘米为宜，加浅土，待叶长出后不断添加盆土。栽后保持盆土的湿润，不需太多的管理。

百合的栽种定植最好是在秋季或早春进行。如栽种或移栽放在第二年春季气温上升后进行，百合易生长不良，甚至死亡。

冬季管理　秋季栽种的百合冬季只长根，不出叶，保持土壤的湿润即可。百合不畏寒，南方冬季可放置在未封闭的阳台上培养。但北方气温较低，应放置在-5℃以上的地方培养。

花期管理　百合开花后应置于室内凉爽处，可延长花期，保持盆土的湿润。花败后应立即移至阳光充足的环境中培养，以免影响地下新球茎的形成。

亦可在百合花的花朵露色而未开放时，将百合花剪下插于花瓶中观赏（不要等到百合花开放后再剪下）。剪花时应尽量保留母株基部的叶片，以保证光合作用能正常进行，为地下新球茎提供充足的光合养分。

繁殖方法

播种　播种一般在10月进行。

分球　在栽种时将地下的小球分开种植即可。

分珠芽　有些百合的叶腋可生出细小的珠芽，可将一定大小的珠芽摘下埋于土中，珠芽长成独立的植株，管理同于种植大球。

扦插　将一茎一叶剪下插于沙中，叶片露出沙面，浇透水后保持沙的湿润，每天喷雾数次以增加空气湿度。不久其叶腋间会产生珠芽，待珠芽长至一定大时可将其摘下栽种。

鳞片扦插　在15~20℃条件下，将主球的鳞片带基盘剥下，基部斜插于沙中，保持沙的湿润，每个鳞片上会产生一至数个小鳞茎球，待鳞茎球长至一定大时可取下栽种。

病虫害防治

百合的病虫害主要有灰霉病、锈病、病毒病、鳞茎软腐病、叶斑病、蛴螬等。

百合的病害较多，一般均以防为主。选用无毒种球、注意轮作和土壤消毒等是预防百合病害的主要手段。

花期控制

百合的休眠用低温可打破。将在自然温度下休眠一段时间的百合大球放置于2~4℃的环境中贮藏6~8周后，即可打破其休眠状态。

处理后的百合球上盆后，放置于8℃左右的温度中，待出芽后再移入有光照的地方，将温度逐步升高至16~18℃，约2个月即可开花。据此，家庭可以根据需要花开的时间，安排百合的种植日期。

 观果花卉

冬珊瑚

生物学特性及应用

冬珊瑚又名珊瑚樱，花期 8～10 月，白色花，果实成熟后变红。喜温暖湿润的环境和充足光照，但夏天应适当遮阴，生长适宜温度为 15～30℃。

冬珊瑚碧叶红果，惹人喜爱，可在果实变色后搬入室内观赏，一般放置于书桌、窗台、床头、茶几上，适合卧室内布置。

花盆选用

花盆盆质要求　可使用泥质花盆、塑料盆、瓷盆、陶盆栽培。

花盆大小　冬珊瑚可定植于 20～27 厘米盆径的盆中。

盆土配制

冬珊瑚喜排水好、疏松、肥沃的土壤。

家庭可使用如下配方：园土：腐叶土：沙 = 5：3：2；泥炭土：腐叶土：沙：珍珠岩 = 5：2：2：1。

浇水

冬珊瑚喜湿润的土壤和湿润的空气，所以整个生长季应保持土壤湿润。果实成熟后的观赏期，应减少浇水的次数，使盆土湿润偏干。土壤过湿易引起根茎腐烂，造成落果。

施肥

冬珊瑚喜肥，但肥料过多会引起其枝条疯长，不利于盆栽矮化和株形美观。

生长旺季追施腐熟的5倍液肥1~2次，或1000倍"花多多"通用肥2~3次。花后结果期追施腐熟的5倍液肥混合等量的1000倍磷酸二氢钾液，或1000倍"花多多"通用肥2~3次，每隔15天左右1次，以促进果实的膨大。结果期如养分不足，易引起落果。果实变色后不施肥。

四季管理

春季管理 3~4月播种，播种苗长5~6片叶时即可上盆。移栽上盆后打顶，以后连续打顶2~3次，以促进分枝的生长及植株的矮化。

冬珊瑚移栽成活后应移至光照较好的阳台上培养，适当控水蹲苗，以促进其根系生长，2周后可增加浇水量，保持盆土的湿润，追肥。春末气温升高后应移至有早晚光照或半阴处培养。

夏季管理 冬珊瑚不耐高温。由于夏季气温较高，应注意遮阴，家庭可放置在光线明亮的室内培养。室内培养时应注意加强通风。

冬珊瑚夏天较怕暴雨冲淋，在室外养护的冬珊瑚应放置在不易淋雨的地方。冬珊瑚开花后可适当疏花，注意水肥的供应。夏末气温下降后应逐步移至光照下培养，以利于果实的营养积累。

秋季管理 秋季应将冬珊瑚放置在光照充足的地方培养，注意追施果肥。秋末气温下降后应注意防冻、防霜，否则会造成落果。故在气温下降前，最好搬入封闭阳台内培养，果实变红后即可搬入室内观赏。

冬季管理 冬珊瑚稍耐寒，冬季放置于0℃以上有散射光的室内观赏即可，只要不受冻，可观赏至第二年春天。但是如室温太低，果易掉落。

冬季盆土不宜太湿，以偏干为宜。

花期管理 由于冬珊瑚花开后结果，开花后应注意间剪过密的花，并注意不能放置在光线过暗的地方，以免造成落花。盆土应保持湿润，但不能积水。

果期管理 结果期如果实过多，可适当疏果，以集中养分。果实观赏期使盆土偏干，防止受冻，其他不需太多的管理。

繁殖方法

采用播种繁殖，3月份可在封闭的阳台上播种，也可4月份在室外播种。

病虫害防治

冬珊瑚的病虫害主要有炭疽病、叶斑病、蚜虫、斜纹夜蛾、红蜘蛛等。

佛手

生物学特性及应用

佛手又名五指柑、佛手柑、佛指香橼等。花在一年间可开 3~4 次，以夏天为最盛，果 11~12 月成熟，橙黄色，极香，形如合拢的双手，故名。若裂纹如拳者称"佛拳"或"闭佛手"，顶端张开如指的称"开佛手"或"佛手"。喜高温湿润气候和充足的光照，生长适温为 20~35℃。

果实如佛手，奇特无比，香气清郁醉人，摸一下满手沾香。果实可入药，还可沏茶、泡酒饮用。果实成熟后可将植株搬入室内，放于客厅显眼处，也可将成熟的果实采下装饰于墙上，或放置于床头、书桌、茶几等处。

花盆选用

花盆盆质要求 可使用泥质花盆、塑料盆、瓷盆、陶盆等栽培。

花盆大小 佛手一般选用24~34厘米盆径的盆栽种。

盆土配制

佛手喜富含腐殖质、肥沃、排水好、微酸性的沙质壤土。

家庭可使用如下配方：园土∶腐叶土∶沙＝4∶3∶3；泥炭土∶腐叶土∶沙∶珍珠岩＝4∶3∶2∶1。

浇水

佛手喜潮湿的土壤和湿润的空气。春季气温不高，生长较缓慢，保持盆土湿润即可；春末气温升高后生长加快，消耗水量大，应及时浇水，保持盆土潮湿。夏季是生长和开花的旺盛季节，除早晚均应浇水，还应经常向其四周和叶片喷雾洒水数次以增加空气湿度，但开花、结果初期适当控水，不宜过湿以防落花落果，保持盆土湿润即可，结果期应保持盆土潮湿。入秋后减少浇水，保持盆土湿润。冬季气温较低时，应使盆土湿润偏干。

施肥

佛手喜肥，肥料不足易落花落果。3~6月中旬抽发春梢，春梢是开花结果枝，新芽萌发后开始追液肥，每7天追施腐熟的10倍液肥，或1000倍"花多多"通用肥1次。

6月中旬至7月中旬佛手生发夏梢，是生长旺盛期，也是盛花期和结果期，每3~5天追施腐熟的5倍液肥混合等量的500倍磷酸二氢钾液，或1000倍"花多多"通用肥1次。

7月中旬至9月下旬果实生长期，每10天追施腐熟的10倍液肥混合等量的 500 倍磷酸二氢钾液，或 1000 倍"花多多"通用肥 1 次。9 月份停止施肥，以防止秋梢的发生。

四季管理

春季管理 每年 4~5 月间换 1 次盆，换盆前应适当修剪。

换盆成活后应放置于光照充足的窗台上培养，保持盆土的湿润。新叶萌生后开始追肥。当室外气温稳定在 15℃ 以上时可搬至有光照的阳台上或庭院中培养。

春末气温升高后，佛手生长速度加快，应及时补充水分。由于幼苗怕强烈阳光，春末应遮去中午的光照或将其放置于半光照或有早晚光照的窗台上或阳台上培养。

夏季管理 夏季是佛手生长和开花的旺季，应注意水肥的管理，遮半阴。夏季气温过高时会落叶，应经常向其四周喷雾洒水并加强通风，以增湿降温。夏末气温凉爽后应移至有早晚光照的地方培养。

秋季管理 秋初是果实生长期，应增加早晚光照，注意肥料施用的变化。秋季气温过高，佛手会萌生细弱秋梢。秋梢会消耗枝干内储存的养分，应及时去除。

秋季应在光照充足的阳台上培养，保持盆土的湿润，停止施肥。秋末气温下降后，逐步减少水分供应，浇水注意见干见湿，下霜前移入有光照的室内或封闭阳台内培养。

冬季管理 佛手怕严寒，5℃ 以上能安全越冬。冬季正是果实的观赏期，应放置于室内光线明亮处，浇水注意见干见湿，保持盆土湿润。室内气温不宜过高，保持在 5~8℃ 即可。

果期管理 佛手可放置于有光照的窗台或光线明亮的房间内，室温宜在 5~8℃，浇水注意见干见湿，使盆土湿润，不施肥。

繁殖方法

扦插　6月下旬至7月中旬采用嫩枝插。

嫁接　砧木多用香橼、柠檬的播种苗，靠接或切腹接。

压条　在5~7月进行。

修剪

4月至6月上旬佛手开的花均为单性不结果花，应及时抹去，以减少营养消耗。6月下旬以后开的花每小枝只留1~2朵，其余疏去，以保证每朵花均有足够的营养。

开花结果期间应及时清除新生梢，以免消耗过多的养分，引起落果。另外，还应去除秋末生长的细弱秋梢。

枝条过密时，应适当疏去内膛细弱枝、重叠枝，以加强通风透光。

新繁殖幼苗应适当打顶，以形成丰满的株形。

病虫害防治

佛手的病虫害主要有炭疽病、疮痂病、煤烟病、蛀叶虫、介壳虫、红蜘蛛等。

● 金橘

生物学特性及应用

金橘又名枣橘，花期6~8月，白色，有香味。果实形如枣，缀满枝头，11~12月成熟后呈金黄色，故名。喜温热湿润的气候和充足的光照，稍耐阴，生长适温为15~30℃。

金橘夏季观花、冬季观果。开花时宜在有光照的阳台上培养、观赏。果变色后可放置在室内客厅显眼处或花架上，因株形较大，宜低放。

花盆选用

花盆盆质要求　可使用泥质花盆、塑料盆、瓷盆、陶盆等栽培，生产上多用陶缸。

花盆大小　根据金橘的株形大小，一般选用 20～25 厘米盆径的盆。

盆土配制

金橘喜肥沃、深厚、排水好的沙质土壤。家庭可使用如下配方：园土：腐叶土：沙=5：4：1。

浇水

金橘喜湿润的土壤，较耐旱。春季应保持盆土的湿润。夏季高温时，需水量较大，除早晚均应浇水，还应经常向其四周和叶片喷雾洒水数次，以增加空气湿度。入秋后气温下降，生长减缓，应减

少浇水次数。冬季气温较低时，应使盆土湿润偏干。

施肥

金橘喜肥，尤其是磷、钾肥。幼株多施氮肥，以促进枝条发育，生长季节可每 15 天施腐熟的 5 倍液肥 1 次，或每 7 天追施 1000 倍"花多多"通用肥 1 次。秋冬季节不施肥。

成株一般均少施氮肥而多施用磷、钾肥，以促进枝条成熟，限制其徒长。

成株春季恢复生长后，追施腐熟的 5 倍液肥混合等量的 500 倍磷酸二氢钾液肥，或 1000 倍"花多多"通用肥 2~3 次，每隔 15 天 1 次。

花期追施保花肥（混合液肥 1~2 次）。

结果期追施腐熟的 10 倍液肥混合等量的 500 倍磷酸二氢钾液 2~3 次。

四季管理

春季管理 春季换盆。一般 3 年换盆 1 次，换盆前适当修剪。

春季换盆成活后，应放置于光照充足的窗台上培养，保持盆土的湿润，新叶萌生后开始追肥。当室外气温稳定在 15℃ 以上时可搬至有光照的阳台上培养。春末气温升高后，生长加快，应及时补充水肥。

夏季管理 金橘耐高温日晒，夏季不需遮阴，也可遮去中午的烈日。夏季是金橘生长开花的旺季，应注意水肥的管理。浇水的同时，应经常向其四周和叶片喷雾洒水，同时注意通风。

金橘开花后应注意疏花，以减少养分的消耗。

秋季管理 秋季是金橘的果实生长期，应保证充足的光照，注意肥料施用的变化。金橘结果后，应注意疏果，以保证所留果实充足的营养供应。每个枝头上保证有 3~4 个果即可。挂果过多，每个果实都不大，如养分供应不上，还容易造成僵果。疏果时注意应保留大小一致的果实，这样才能一致变色，达到最佳的观赏效果。

秋季如发现金橘长出秋梢，应及时去除，以节约养分。

秋末气温下降后，逐步减少水分供应，浇水注意见干见湿，停止施肥。下霜前将金橘移入有光照的室内或封闭阳台内培养。

冬季管理　金橘较耐寒，0℃ 以上可安全越冬。在果实的颜色未变成金黄时应置于充足光照的窗台边培养，室内温度应保持在 10℃ 左右，浇水见干见湿，使盆土湿润偏干。果实变黄后可放置在有散射光的房间内观赏。室内气温不宜过高，保持在 0~5℃ 即可。

果期管理　观赏期金橘可置于有光照的窗台或光线明亮的房间内，室温宜在 0℃ 以上，浇水注意见干见湿，盆土不宜湿，以湿润至偏干为宜，因为过湿易引起落果。室内温度不宜太高，中午有光照时向叶面喷雾数次，不施肥。

繁殖方法

采用嫁接繁殖，用枸橼、酸橙或金橘播种苗作砧木，3~4 月切接，6~9 月芽接，靠接以 6 月份为宜。

病虫害防治

金橘的病虫害主要有溃疡病、褐斑病、红蜘蛛、介壳虫、潜叶蛾等。

第四节　多浆植物

绯牡丹

生物学特性及应用

绯牡丹又名红牡丹、红灯、红球，瑞云球的栽培变种。球体具 8~12 棱，通体红色、橙红、粉红或紫红。花春夏季开放，粉红色。喜温暖和充足的光照，生长适温为 15~32℃。

绯牡丹通体色彩艳丽，较为稀珍。可放置于有光照而不淋雨的阳台或房间窗台上培养、观赏，适合长时间放置于卧室内。

花盆选用

花盆盆质要求　可使用泥质花盆、陶盆，但以泥质花盆为好，为与家庭装潢相协调，可以用色彩有变化的陶质卡通盆栽培。

花盆大小　绯牡丹宜选用盆径较球茎大 1~2 厘米的盆栽培。

盆土配制

绯牡丹喜含石灰质排水好的沙质土壤。

家庭可使用如下配方：煤渣（或火山岩）：腐叶土：沙：园

土 = 4 : 2 : 2 : 2。

土壤配好后应高温消毒后再用，亦可在太阳下暴晒数日。

浇水

绯牡丹喜湿润的土壤，耐干旱。秋末、冬季、春初气温较低时，处于半休眠状态，应严格控制浇水，使盆土干而不燥，盆土干透后略浇水即可。

春季气温上升后开始生长，可逐渐加大浇水量使土壤保持湿润。春、夏、秋是绯牡丹的生长季节，除保持土壤的湿润，每天还应注意增加空气湿度，加强通风。夏季气温炎热时生长停滞，浇水应见干见湿，同时放置于室内时注意房间通风，以防嫁接砧木茎基腐烂。

施肥

绯牡丹对肥料要求不高，但也应保证一定的养分供应。家庭培养时一般只施基肥，不追肥。

基肥以腐熟的有机肥为好，如饼肥、牛粪等，加入少量的骨粉，施用量为盆土的 1/20，在换盆时与盆土混合均匀。

四季管理

春天管理 春季换盆，每年换盆 1 次。脱盆时注意轻拿轻放，防止将球体从砧木上碰掉。脱盆后除去枯死根、断根，晾 3~5 天后栽种，栽后放置于半阴处培养。暂不浇水，每天只喷雾 2~3 次或放于湿度较大的地方，半个月后可少量浇水，1 个月后新根长出后，逐步增加供水量。

春季换盆成活后移至光照充足的地方培养，光照不足，球体下部会变绿。绯牡丹在直射光下越晒越红。

当室外气温稳定在 15℃ 以上时可以将绯牡丹放置于有光照但不淋雨的室外阳台上培养。春季是其生长旺季，应注意水分的供应，但切忌土壤过湿，以土壤干透后再浇为宜。雨水较多的天气应减少浇水次数。

夏天管理　夏季气温炎热时应放置于有早晚光照的地方培养，保持充足的水分供应，但浇水应见干见湿，同时注意每天向其四周喷雾数次并加强通风以降温。夏末天气凉爽后应移至光照充足的地方培养。

秋天管理　秋季应将绯牡丹放置在有充足的光照而无雨淋的地方培养，水以见土干再浇为好。天气渐凉后可逐步减少浇水量，使盆土偏干，直至休眠。当室外气温降至10℃左右时应及时移入有光照的封闭阳台或房间内培养。

冬天管理　绯牡丹不耐寒，冬季室内气温应保持在8℃以上，最好保持在10℃左右。盆栽应放置于光照充足的窗台或阳台上培养，注意控水，使盆土偏干，而且温度越低，盆土应越干。

繁殖方法

采用嫁接繁殖。嫁接可用具叶绿素的量天尺、仙人球、仙人掌等作砧木，以量天尺为好。嫁接在春季、初夏进行。

病虫害防治

绯牡丹的病虫害主要有茎腐病、褐斑病、红蜘蛛、介壳虫等。栽培土壤的消毒和避免盆土过湿是预防茎腐病的最佳方法。

金琥

生物学特性及应用

金琥又名金桶球、象牙球。球体密生硬刺，刺淡黄至金黄色，又长又硬，球顶部密生绒毛。喜温暖湿润的环境和充足的光照，生

长适温为 20~25℃。

金琥呈球形，全身密生黄色硬刺，刺极美丽，宜放置于有光照而避雨的阳台或房间窗台上培养。适合长时间放置于有光照的卧室内。

花盆选用

花盆盆质要求　金琥对盆质无特殊要求，但要求排水好。可使用泥质花盆、塑料盆、瓷盆、陶盆，也可以用色彩有变化的花盆栽培。

花盆大小　金琥应选用盆径 12~40 厘米的盆栽培。

盆土配制

金琥喜含石灰质排水好的沙质土壤。家庭可使用如下配方：煤渣（或火山岩）：腐叶土：沙：园土：陈年石灰土 = 2：2：4：1.5：0.5。

土壤配好后应进行高温消毒，亦可在太阳下暴晒数日杀菌，然后使用。

浇水

金琥喜湿润的土壤和湿润的空气，极耐干旱。

秋末、冬季、春初气温较低时，处于半休眠状态，应使盆土保持干而不燥的状态，干透后略浇水即可。

春季气温上升后开始生长，可逐渐加大浇水量至土壤湿润。生长旺盛季节，还应经常向植株周围洒水增加空气湿度。

秋末天气渐凉后逐渐减少浇水次数，最后使盆土偏干至干燥状态，但若冬季气温高，金琥能正常生长，浇水应见干见湿。

施肥

金琥对肥料要求较少，耐贫瘠。肥料充足，球体增粗较快。可在生长旺季追施腐熟的 20 倍液肥，或 1000 倍"花多多"通用肥 2~3 次。

家庭培养时也可只施用基肥，不施追肥。

基肥以腐熟的有机肥为好，如饼肥、牛粪等，加入 1/20 的骨粉。施用量为盆土的 1/10，在换盆时与盆土混合均匀。

四季管理

春季管理 春季换盆，幼株每年换盆 1 次，较大株每 2~3 年换盆 1 次。

脱盆时可用报纸等包裹后用手握住脱盆，剪去枯死根、断根及部分老根后，晾 3~5 天后栽种。盆土应偏干，栽种深度以球根颈处与土面持平为宜。栽后放置于半阴处培养。新栽球暂不浇水，每天只喷雾 2~3 次或放于湿度较大的地方，半个月后可少量浇水，1 个月后新根长出后，逐步增加供水量。

金琥喜充足的光照，光线不足时球顶易冒尖，球体变长，刺色变淡，影响美观，故全年均应放置于光线充足的地方培养。春季气温升高后，开始恢复生长，要逐步加大浇水量。应保持充足的光照，当室外气温稳定在 15℃ 以上时可以放置于有光照但不淋雨的阳台上培养。生长旺季注意水分的供应，但切忌土壤过湿，以土壤干透后再浇为宜，应经常向其四周洒水来提高空气湿度。

夏季管理 夏季金琥可放置于有充足光照的地方，但气温炎热时应放置于半阴处或早晚有光照的阳台上培养，光线太强时易灼伤顶部。

夏季应保持充足的水分供应，同时经常向其四周喷雾增湿。放置于室内时注意室内的通风。夏末天气凉爽后应将其移至光照下

培养。

秋季管理　秋季金琥应放置在光照充足的地方培养。水以见土干浇为好，经常喷雾以提高空气湿度。天气渐凉时可逐步减少浇水量，使盆土偏干，直至休眠。当气温降至15℃左右时应及时移入有光照的封闭阳台或房间内培养。

冬季管理　金琥不耐寒，冬季在8℃以上可安全越冬，室内最好保持在10℃以上。温度较低时球体上会产生黄斑，不利于观赏。

金琥可放置于光照充足的窗台或阳台上培养，同时注意控水，使盆土干而不燥。冬季温度越低，盆土应越干燥。中午气温较高时向其四周喷雾数次。

繁殖方法

扦插　生长季节将金琥的顶部生长点切除，促使其长出子球，待子球长至1~2厘米大小时摘下扦插。

嫁接　将子球嫁接在量天尺上，平接。

病虫害防治

金琥的病虫害主要有褐斑病、茎腐病、锈病、介壳虫、蚜虫、红蜘蛛、粉虱等。

景天

生物学特性及应用

景天又名玉树，叶肉质，椭圆形，灰绿色。栽培品种还有细叶景天（又名金枝玉叶）。喜温暖干燥的气候和充足的光照，生长适温为20~30℃。

景天叶片肥厚，四季常绿。根据大小可放置于有光照的卧室窗台或阳台上培养。因其夜间放出氧气，对人体有益，适合长时间放置于卧室内。

花盆选用

花盆盆质要求　可使用泥质花盆、塑料盆、瓷盆、陶盆。为与家庭装潢相协调，可以用瓷盆栽培。

花盆大小　景天一般选用16~28厘米盆径的盆栽种。

盆土配制

景天喜疏松、肥沃的沙质土壤。

家庭可使用如下配方：园土：腐叶土：沙＝3：2：5。

浇水

景天喜干燥的空气和偏干的土壤，忌湿润的土壤，盆土湿润易造成根茎腐烂。

秋末、冬季、春初气温较低时，处于半休眠状态，应严格控制浇水，使盆土处于干而不燥的状态，干透后略浇水即可。春季气温上升后开始生长，可逐渐加大浇水量，浇水最好在盆土干透后。秋季天气渐凉后逐渐减少浇水，最后使盆土偏干至干燥状态。

施肥

景天喜肥，但对肥料要求不高。

春季新茎长出后开始追肥，生长季可每月追施腐熟的15倍液肥混合等量的1000倍磷酸二氢钾液，或1000倍"花多多"通用肥1次。夏季气温较高和冬季气温较低时不施肥。

株形较大时只施基肥，不需追肥，以控制高度。

基肥可用腐熟的豆饼肥、豆浆渣等有机肥。基肥的施用量为盆土的 1/20~1/10，要将基肥与土壤混合均匀后装盆移栽。

四季管理

春季管理 幼苗生长较快，每年换盆 1 次，成形株每 2~3 年换盆 1 次。换盆时间在春季气温稳定在 10℃ 以上时进行。换盆前停止浇水数日，待盆土干后脱盆。由于其枝叶含水丰富，易折断，应轻拿轻放。脱盆后剪去枯死根、断根，晾 1~2 天后栽种。栽后放置于半阴处，暂不浇水，2~3 天后略浇水，保持盆土偏干。

景天栽培管理简单，控制盆土水分和保证充足的光照是关键。景天喜阳光与通风的环境，不宜与其他喜湿润空气的植物放置在一起培养。

春季气温升高后开始恢复生长，应保持充足的光照，逐步加大浇水量。当室外气温稳定在 15℃ 以上时可以放置于有光照但不淋雨的阳台上培养。生长期应控制浇水，防止盆土过湿引起腐烂，以土壤干透后再浇水为宜，雨水较多的天气应减少浇水次数。

夏季管理 景天喜强光照，夏季气温不高时不需遮阴，但要保持适当的水分供应。放置于室内时应保持一定的光照，并注意室内的通风。夏季气温较高（35℃ 以上）时生长处于停滞状态，应注意控水，防止高温水多而烂根，同时遮去中午前后的光照，停止施肥。夏末天气凉爽后可继续施肥。

秋季管理 秋季应放置在光照充足的地方培养。盆土干透后浇水，天气渐凉时可逐步减少浇水量，停止施肥，使盆土干而不燥。当气温降至 5℃ 左右时应及时移入有光照的封闭阳台或房间内培养。

冬季管理 景天不耐寒，冬季室内气温应保持在 5℃ 以上。此时生长处于停滞状态，盆栽应放置于光照充足的窗台或封闭阳台内培养，不施肥，注意控水，使盆土干而不燥。

繁殖方法

采用扦插繁殖，春季或秋季剪下 2~3 节粗壮枝扦插。

修剪

扦插苗移栽后摘心 2~3 次，有利于形成球状株形，亦可根据自己的爱好修剪成自己需要的株形。

植株较高大时，可在春季换盆时适当重剪，以压低株形。

病虫害防治

景天的病虫害主要有褐斑病、茎腐病、锈病、白绢病、红蜘蛛、介壳虫、蚜虫等。

莲花掌

生物学特性及应用

莲花掌又名偏莲座。叶灰蓝色，簇生成莲座状。花期 6~8 月，花外面红或粉红色，内黄色，同属种有白毛莲花掌、毛叶莲花掌、八宝掌、大叶石莲花、绒毛掌等。喜温暖和充足的光照，亦耐半阴，生长适温为 20~25℃。

莲花掌的叶排列紧密似莲花状，故名。可放置于有光照或光线明亮的窗台或阳台上培养。适合长时间放置于卧室。

花盆选用

花盆盆质要求　可使用较浅的泥质花盆、塑料盆、瓷盆、陶盆。为与家庭装潢相协调，可以用色彩有变化的卡通盆栽培。

花盆大小　莲花掌一般选用 9~16 厘米盆径的盆栽种。

盆土配制

莲花掌喜疏松、排水好的沙质土壤。

家庭可使用如下配方：园土：腐叶土：沙＝3：2：5。土壤配好后最好高温消毒后再用，亦可在太阳下暴晒杀菌。

浇水

莲花掌喜湿润的土壤，耐干旱，怕水湿，在浇水时注意宁干勿湿。秋末、冬季、春初气温较低时，处于半休眠状态，应控制浇水，使盆土偏干。春季气温上升后莲花掌开始生长，可逐渐加大浇水量，保持土壤湿润，浇水应见干见湿。生长旺盛时除浇水，还应定时向植株周围洒水增加空气湿度。秋末天气渐凉后逐渐减少浇水次数，最后使盆土偏干。

施肥

莲花掌喜肥，但对肥料要求不高。春季新茎长出后开始追肥，生长季节每月追施腐熟的 20 倍液肥，或 1000 倍 "花多多" 通用肥 1

次，秋季停止施肥。在给莲花掌施肥时应注意肥料的浓度，薄肥勤施，不宜浓。如怕麻烦，也可只在换盆时施入基肥，生长期不追肥。基肥可用腐熟的饼肥、牛粪等，加入少量的骨粉或过磷酸钙。施用量为盆土的 1/10，在换盆时加入，与盆土混合均匀。

四季管理

春季管理　春季气温稳定在 15℃ 以上时换盆，亦可在 9~10 月进行。幼株一般每年换盆 1 次，株形较大时每 2 年换盆 1 次。换盆前停止浇水数日，待盆土干后脱盆，修去枯死根、断根，稍晾后栽种。栽后浇透水，以后保持盆土偏干，换盆后在半阴处培养 7~10 天，然后移至阳光下培养。

春季盆栽应放置于光照充足的室内窗台上培养。气温升高后，莲花掌开始恢复生长，可逐步加大浇水量。当室外气温稳定在 15℃ 以上时可以放置于有早晚光照的阳台上培养，也可放置于室内光线明亮处。春季是生长旺季，应注意水肥的供应，但切忌土壤过湿，以土壤干透后再浇水为宜。雨水较多的天气应减少浇水次数，以防止根腐病的发生。

夏季管理　夏季气温炎热时莲花掌应放置于阳台半阴处或室内光线明亮的地方观赏、培养，保持充足的水分供应。气温较高时停止施肥，浇水也不宜多，使盆土偏干，以防止高温多湿引起根部腐烂。放置于室内时，应注意每天向其四周喷雾数次并加强通风，以增湿降温。夏末天气凉爽后开始供应肥料。

秋季管理　秋季阳台上的盆栽可逐步移至光照充足处，室内的盆栽可继续放置于光线明亮处。停止施肥，水以见土干再浇为好。天气渐凉时可逐步减少浇水量，使盆土偏干，直至休眠。当气温降至 10℃ 左右时，放置于阳台上的盆栽应及时移入有光照的封闭阳台或房间内培养。

冬季管理　莲花掌不耐寒，冬季室内气温应保持在 8℃ 以上，盆栽应放置于光照充足的窗台或阳台上培养，不施肥，注意控水，使盆土偏干，中午气温较高时向其四周喷雾数次，同时注意室内的通风。

繁殖方法

扦插 莲花掌可用叶插的方法繁殖。只要温度适宜，一年四季均可进行。

分株 分株可在春季换盆时进行，将根部萌枝带根分切后栽种。

病虫害防治

莲花掌的病虫害主要有根腐病、叶斑病、黑霉病、红蜘蛛、蚜虫、介壳虫、蛞蝓等。

令箭荷花

生物学特性及应用

令箭荷花又名红孔雀，属附生类仙人掌，主茎圆筒形，分枝扁平呈令箭状。北方花期在5~6月，花生于茎顶端的两侧。喜温热湿润的气候和充足的光照，也喜半阴，生长适温为20~25℃。

令箭荷花的株形及茎与昙花相似，白天开花，极美丽，扁平茎本身也极具观赏性，可放置于有光照的阳台及房间内培养、观赏，适合放置于卧室内。

花盆选用

花盆盆质要求 可使用泥质花盆、塑料盆、瓷盆、陶盆。

花盆大小 根据令箭荷花植株的大小可选用16~28厘米盆径的盆栽种。

盆土配制

令箭荷花喜富含腐殖质、排水好、疏松肥沃的微酸性沙质土壤。

家庭可使用如下配方：园土：腐叶土：沙＝4：3：3；泥炭土：腐叶土：沙：珍珠岩＝4：2：3：1。土壤配好后最好高温消毒后再用，亦可在太阳下暴晒杀菌。

浇水

令箭荷花喜湿润的土壤，忌潮湿，稍耐干旱。秋末、冬季、春初气温较低时，处于半休眠状态，应使盆土偏干。春季气温上升后开始生长，可逐渐加大浇水量至土壤湿润，同时应注意见干见湿。因令箭荷花喜较高的空气湿度，除浇水还应经常向植株周围洒水。

夏季如气温较高时浇水应注意不能使盆土过湿，否则易烂根。但每天应经常向其四周洒水，以增加空气湿度。在室内培养时应加强通风。

秋季浇水同春季。随着气温的降低，秋末应逐渐减少浇水，以

使盆土偏干。

施肥

令箭荷花喜肥，但应薄肥勤施。春季新茎长出后开始追肥，一般每 30 天追施腐熟的 10 倍液肥，或 1000 倍"花多多"通用肥 1 次。

现花蕾后停施液肥，追施 1000 倍磷酸二氢钾液 1 次。花后每隔 30 天施液肥或 1000 倍"花多多"通用肥 1 次。夏季气温较高时停止施肥。秋末气温下降后停止施肥。

生长期间如见叶片发黄，应追施硫酸亚铁 500 倍溶液 1 次，叶色很快就会转变。

四季管理

春季管理 春季气温稳定在 10℃以上时换盆，亦可在九十月份进行。幼株一般每年换盆 1 次，较大株 2~3 年换盆 1 次。换盆前停止浇水，待盆土干后脱盆。脱盆时应轻拿轻放，避免碰断植株。剪去枯死根、断根后晾 1~2 天，待伤口干结后栽种。栽后放置于半阴处，暂不浇水，2~3 天后略浇水，保持盆土偏干。换盆成活后逐步增加浇水量，并保持盆土的湿润，开始追肥。

春季令箭荷花应放置在光照充足的地方培养。当室外气温稳定在 15℃以上时可以放置于有光照的阳台上培养。生长旺季注意水肥的供应，但切忌土壤过湿，以见干见湿浇水为宜。春末气温较高时应遮去中午前后的光照，也可移至光线明亮的室内培养。

夏季管理 夏季气温炎热时应放置于半阴处或光线明亮的室内或阳台上培养，以防扁平茎发黄萎缩。在保持土壤湿润的同时，注意每天向其四周喷雾数次，以增加空气湿度。

夏季温度较高（35℃）时生长不良，并逐渐处于生长停滞状态，应停止施肥，浇水见干见湿，以防止茎基腐烂。夏季天气凉爽后可恢复施肥并逐步增加光照。

秋季管理　秋季应放置在光照充足的地方培养。秋季是令箭荷花的又一生长旺季，应注意水肥的供应。

　　天气渐凉时可逐步减少浇水量，停止施肥，使盆土偏干。当气温降至10℃左右时，应及时将令箭荷花移入有光照的封闭阳台或房间内培养。

　　冬季管理　令箭荷花不耐寒，冬季室内气温应保持在8℃以上，盆栽应放置于光照充足的窗台或封闭阳台上培养。此时，令箭荷花处于半休眠状态，应注意控水，使盆土偏干，中午气温较高时向其四周喷雾数次。

　　花期管理　保证适当的光照，盆土见干即浇水，同时适当施肥。

繁殖方法

　　扦插　环境温度在20℃左右时均可扦插，但以春季最好。

　　嫁接　用三棱箭（量天尺）、仙人掌作砧木，劈接。

病虫害防治

　　令箭荷花的病虫害主要有根腐病、茎腐病、叶斑病、红蜘蛛、蚜虫、介壳虫、蛞蝓。

落地生根

生物学特性及应用

　　落地生根又名灯笼花。叶质厚，边缘有锯齿，缺刻处着生幼小植株，幼小植株落到地上后即会形成新的植株，故得名。花期10~11月。喜温热湿润的环境和充足的光照，生长适温为20~30℃。

　　落地生根形态奇特，花期长，花较美丽，可放置于有光照的窗台或阳台。适合用来布置卧室。

花盆选用

花盆盆质要求　可使用泥质花盆、塑料盆、瓷盆、陶盆等。

花盆大小　落地生根一般选用 14~16 厘米盆径的盆栽种。

盆土配制

落地生根喜疏松肥沃、排水好的沙质土。

家庭可使用如下配方：园土：腐叶土：沙＝4：4：2。

浇水

落地生根喜湿润土壤，但耐干旱。春季气温上升后开始生长，可逐渐加大浇水量，保持土壤湿润，但潮湿的盆土易使茎基腐烂，故应注意浇水的见干见湿，在室内栽培的落地生根还应注意增加空气湿度。秋末天气渐凉后逐渐减少浇水，使盆土偏干。秋末、冬季、春初气温较低时，其处于半休眠状态，应使盆土处于偏干的状态。

施肥

落地生根喜肥，但肥料充足，植物易长高大，不利于室内布置。故一般幼株均应注意肥料的供应。幼株生长季每 15~20 天追施腐熟的 10 倍液肥，或 1000 倍 "花多多" 通用肥 1 次。成形株生长季节追肥 1~2 次即可。夏季气温较高时和冬季气温较低时不施肥。成形株可在换盆时施入基肥，生长季节不施肥。

基肥可用腐熟的饼肥、牛粪等，施用量为盆土的 1/20。

四季管理

春季管理 落地生根的栽培管理很简单，控制浇水是栽培的关键。在春季气温稳定在 10℃ 以上时换盆（落地生根每年换盆 1 次）。换盆成活后应放置在光照充足的地方培养。气温升高后，逐步加大浇水量，使盆土湿润。新芽萌出后开始追肥。

当室外气温稳定在 15℃ 以上时，可以将落地生根放置于有光照的阳台上培养，也可放置于室内窗台上。春季浇水应使盆土湿润，放置于室内时应经常向其叶片和四周喷雾以提高空气湿度。

夏季管理 落地生根耐高温，夏季气温炎热时应放置于半阴处或有早晚光照的室内或阳台上培养，保持充足的水分供应，盆土干透后即浇，适当施肥。放置于室内时应注意通风。

秋季管理 秋季应放置在光照充足而无雨淋的地方培养。水以见土干浇为好。秋末气温降至 10℃ 左右时，应及时移入有光照的封闭阳台或房间内培养，停止施肥。秋末逐步减少水分供应，使盆土偏干，以促其开花。

冬季管理 落地生根不耐寒，冬季室内气温应保持在 10℃ 左右，盆栽应放置于光照充足的窗台或阳台上培养，使盆土偏干。

繁殖方法

分株　叶缺刻处着生的幼芽到一定时间会自行脱落，条件合适会自行生根，长叶，并长成新株。将落到地上的幼株放入盆土上即可。

扦插　5~6月份取叶片稍晾，平铺于湿沙上。

修剪

植株在上盆后适当摘心，以控制高度及形成多分枝丰满的株形。如植株较高大松散时可用新生幼株代替。

病虫害防治

落地生根的病虫害主要有褐斑病、茎腐病、红蜘蛛、介壳虫、蚜虫等。